ちくま新書

環境社会学入門

——持続可能な未来をつくる

長谷川公一
Hasegawa Koichi

環境社会学入門――持続可能な未来をつくる【目次】

はじめに

本書は、環境社会学への招待状である。

環境社会学は、アメリカで一九七〇年代後半に提唱され、日本をはじめ多くの国々で一九九〇年代初頭に確立した比較的新しい学問分野である。国内外では「環境と社会」というかたちで講義がなされることも多い。環境社会学は、環境と社会の関係を、社会学的な方法によって研究する学問であると言ってもいい。

社会学の研究対象は、長い間、社会関係・社会集団・地域社会・全体社会など、社会的な諸要素、社会システムの内部的な諸要素に限られてきた。社会学の大前提は、社会的なものの自律性にある。

しかし私たちの社会のあり方は、農林水産業などのなりわい、食糧、景観、地形や地質、河川や湖沼・海洋、山、森林、気象、時間・空間等々、さまざまな自然環境的な諸要素・諸条件に大きく規定されている。社会は、環境的要因・生態学的要因などから自由ではありえない。産業社会は、一見自己コントロール能力を高めたかのように見えるが、私たちがコントロールしえない、コントロールしがたい問題として気候危機などの環境問題に直面している。気候危機も、放射性廃棄物の処分問題も、現代社会に立ちはだかる大きな難題である。どちらも、自然環境の側からの、痛烈なしっぺ返しと見ることもできる。本書の第二章では、騒音などの新幹線公害問題を取り上げるが、世界的に賞賛される東海道新幹線には、設計・建設にあたって、沿線の住環境に与える騒音・振動問題を考慮していなかったという根本的な欠陥があった。水俣病などの産業公害にも、営利を最優先し、排水や排煙などが生態系や住民に与える影響を考慮していなかった、という構造がある。

一方、社会の側が、自然的な諸要素・諸条件にどのように働きかけ、共存してきたのかを学びとることも重要だ。

社会学や社会科学が大前提としてきた、社会的なものの相対的な自律性や人間中心的なものの見方に、根本的な疑問を投げかけているところに、環境社会学の大きな意義がある。日本でも、SDGs（持続可能な開発目標）が最近話題に上るようになってきた。二〇三〇年までに達成をめざす一七の目標と一六九のターゲットからなる。SDGsは総合的・包括的な目標だが、環境・社会・経済の三段階で図示されるように、環境と社会と経済、この三次元の関係を焦点にしている（二三七頁参照）。環境あっての社会、社会あっての経済であることは、現代人が持つべき基本的常識である。

持続可能な未来を切り拓くためには、環境と社会の関係を、まず検討しなければならない。

入門書にはいろいろなスタイルがありうるが、本書では、あえて教科書的・体系的に記述するのではなく、環境社会学的な思考や問題意識を著者自身のパーソナルな物語として示すことにした。顔の見える、肉声が聞こえてくるようなパーソナルな誘いができないものか、と長年考えてきた。教室で語られる講義や演習の魅力は、本来この点にこそあろう。

環境問題や持続可能性、ＳＤＧｓに関するすぐれた書物は少なくないが、学術的な本になるほど、どうしても著者の肉声が聞こえてこないきらいがある。本書では「既成の学問」という盾を前面に立てて身構えるのではなく、素顔の著者を極力押し出すように努めた。「持続可能な未来」という抽象的な課題への接近を、自分自身の個人史・研究史をとおして試みた。できるだけ臨場感をもって研究の旅路をたどれるように、なぜその環境問題の研究に取り組むことになったのか、当時のリアリティはどうだったのかを再現するように心がけた。そのことをとおして、なぜ環境社会学が誕生したのか、なぜ環境社会学的なものの見方が重要であるのかを、読者にわかりやすく伝えたいと願っている。

読者も時代の伴走者として、それぞれの個人史・職場などでの経験をとおして、読者自身に極力引き寄せて、追体験的に本書を読み込んでいただけるならば、著者としての望外の喜びである。

社会学には、市民社会との対話を重視する「公共社会学」という考え方がある（第七章参照）。また、個人の生活史と巨視的な社会変動を媒介する「社会学的想像力」を重視する立場がある。本書は拙いながらも、公共社会学的なアプローチによる環境社会学の実践であり、大きな社会的文脈の中に、私の研究史を位置づけようとした試みである。

環境社会学が日本で組織的に展開されるようになってからちょうど三〇年。環境社会学もまたすでに確立した学問のように思われがちだが、飯島伸子や船橋晴俊《ふなばしはるとし》（ともに故人）、鳥越皓之《ひろゆき》、嘉田《かだ》由紀子（前滋賀県知事・現参議院議員）や私たちが、一九六〇年代後半から、文字どおり手作りで、試行錯誤しながら、築きあげてきたものでもある。環境社会学という学問がどうやってつくりあげられてきたのか、ということをできるだけ臨場感をもって伝えたいと願った。

文体は、冗漫になるのを避けて「である」体を採用したが、先行研究への言及や専門用語を頻出させることは極力避け、わかりやすい具体例を提示して、骨太に、学生たちに語りかけてきたようなトーンの再現をできるだけ心がけた。注も最小限にとどめ、読みやすいようにすべて本文中に組み込むようにした。市民や学生を主たる読者と想定し、予備知識なしで読めるようなスタイルを心がけた。

私たちは、自分の人生をも他者の人生をも、物語として理解し、構成し、意味づけ、自分自身と他者たちとにその物語を語る、あるいは語りながら理解し、構成し、意味づけていく――そのようにして構築され語られる物語こそが私たちの人生にほかならない。（井上俊「物語としての人生」一九九六年、一二五頁）

井上の「物語としての人生」を踏まえれば、本書は、「物語としての環境社会学入門」と言えるかもしれない。

読書好きの少年がどのようにして社会学と出会い、職業的社会学者の道を歩むことになったのか、〈コンフリクト（紛争）と社会変動〉という生涯のテーマと出会うことになったのか（第一章）。新幹線をめぐる利害連関、高速文明 対「静かさ」の価値、住民運動の発生・拡大・衰退の過程など、新幹線公害問題のケーススタディから学んだこと（第二章）。力の乏しい集団はどうやって目標達成に成功するのか。グレタらの気候ストライキはなぜ成功したのか（第三章）。カリフォルニア州サクラメントで、住民投票による原発閉鎖はなぜ可能となったのか。原発閉鎖後、電気事業者はどのようにして経営再生に成功したのか（第四章）。青森県六ヶ所村に集中的に立地する核燃料サイクル計画はなぜ止まらないのか。計画を止めれば地域社会はどう再生しうるのか（第五章）。環境社会学を生み出した時代的・社会的背景。日本の環境社会学の特色と独自性（第六章）。持続可能性という新たな価値とその意義（第七章）。

本書は、恩師や諸先輩との出会いをとおして、社会システム論的な社会変動研究から出発して、新幹線公害問題との出会いを契機に、高速交通網の整備や原子力・エネルギー政策のような公共政策をめぐる、政府や事業者側と住民運動・市民運動との間の社会的コンフリクトの実証研究を経て、環境社会学者を自認するようになり、持続可能な未来をどう切り拓くのか、という問いと向き合うことになった、著者の物語である。

本書を読み進めながら、読者それぞれに、持続可能な未来との向き合い方を、持続可能な未来をつくるための読者自身の問いを、あらためて自問し、深めてほしい。

第一章
社会学との出会い

5月の蔵王

†湯川秀樹の伝記

小学二年（一九六二年）の九月二八日、誕生日のお祝いに湯川秀樹の伝記を買ってもらった。秀才肌で几帳面な努力家の湯川。思索への集中。中間子理論発見の高揚感。世界の秘密を解き明かそうというあくなき探求心。すっかり魅了され、繰り返し読み、こんな風に生きようと思った。偕成社版『世界偉人伝全集』第二一巻のこの本は今も手元にある（沢田　一九六〇）。人生を決定づけた一書だ。あらためて奥付を見ると、この年一九六二年九月一五日第三刷とある。定価二六〇円。一九〇七年生まれの湯川は当時五五歳。第一巻野口英世に始まる全五〇巻の中で、湯川が断然若く、その時点で唯一現役だった。

湯川は一九四九（昭和二四）年一二月、四二歳の若さで日本人で初めてノーベル賞を受賞した。二人目となるのは、一九六五年、同様に物理学賞を受賞した朝永《ともなが》振一郎である。敗戦国の若者を大いに勇気づけ励ました知的英雄だった。当時湯川に憧れた少年は少なくなかっただろう。私の前後の世代には、秀樹という名前を持つ方も少なくない。

残念ながら、高校生になると、物理学がよくわからなかった。数学も化学も比較的得意だったが、物理学が大の苦手だった。

物理学者になる夢は早々に断念したが、研究者になる夢は大きな困難もなく実現した。子どもの頃の夢や憧れを基本的に体現できた、幸福な人生だ。八歳児の心を捉えた「考え、発見し、表現する人生」。湯川は短歌を作ることが趣味で、この伝記にも、折々の湯川の短歌が挿入されていた。湯川は、核兵器廃絶・科学の平和利用を訴えるラッセル・アインシュタイン宣言（一九五五年）に署名するなど、核兵器廃絶運動にも尽力した。「一日生きることは、一歩進むことでありたい」が湯川の座右銘だった（湯川 二〇一七、二〇七頁）。

社会学の研究をし、俳句を詠み、社会的発言をするというのは、三重に湯川の影響を受けていると言えるかもしれない。生真面目な優等生・湯川は私にとって生涯のロール・モデルとなった。

一九八一年九月、湯川は七四歳で亡くなった。カーラジオのニュースが伝える逝去の報を、渋谷付近を走るタクシーの中で聞いて慄然とした。

湯川自身の回想録としては、一九五八年刊行の「朝日新聞」の連載をもとにした『旅人』がある。一九三四年二七歳で中間子理論を発表するまでを扱っている。手元には一九八一年一〇月一日付四六刷の角川文庫版『旅人』（湯川 一九六〇）がある。湯川の没後すぐに読んだ。大人向けの伝記には、中野不二男『湯川秀樹の世界』（中野 二〇〇二）がある。

湯川のエッセーは、『湯川秀樹　詩と科学』（湯川二〇一七）が読みやすい。

人生の遍歴の果てに、紆余曲折を経て社会学者になった方もいる。大きな迷いもなく、すんなり社会学者になってしまった私の学問や著作は、また学生たちへの講義は、深みや陰翳《いんえい》、奥行きに乏しいのではないか、といつも自戒している。

✝祖父の近代——名前の由来

生まれたのは蔵王の麓、温泉町の山形県上山《かみのやま》市。父の家は代々床屋をしていた。父の話では、先祖は会津藩の殿様の髪結をしていたという。戊辰戦争の直前、和戦論だった先祖は戦闘が始まる前に峠を越えて北上し、上山で、会津若松にちなんだ「若松屋」という床屋を開いたのだという。祖父は、大正時代に神田で洋式理容術を学び、実家を洋風の理容院に改造した。神田で修業してきた、上山で初めての洋式床屋だ、というのが祖父の自慢だった。そんな祖父にとってのヒーローは、昭和天皇からの信頼が篤く「最後の元老」と呼ばれた西園寺公望《きんもち》（一八四九—一九四〇年）だった。西園寺は明治末から大正にかけて、一九〇六—〇八年、一九一一—一二年に二度首相を務めている。私が生まれると、祖父は「公一《きんかず》」と名づけようと提案。「公一《きんかず》」は西園寺自身の孫の名前でもあった。父は響きが現代風でないと抵抗し、「こういち」と読ませることになった。

小さな温泉町の床屋の主人の、修業時代の神田での「近代」との出会い、大正デモクラシーとのささやかな出会いの名残を、私の名前は留めているかのようだ。

カリフォルニア大学バークレー校での最初の在外研究の際に思い立って以来、英語で自己紹介するときには、「漢字は表意文字だから、日本人の名前のどの漢字にも意味があります。「一」はファースト、最初の男子を意味します。「公」はパブリックですから、私の場合は「パブリック・ファースト」。社会学者にふさわしい名前でしょう」とジョークを言うことにしている。

東北大学教養部にいた中国哲学の吉田公平に、あるとき「公」という漢字の由来を尋ねたことがある。吉田によると、「ム」の部分は、横からみた鼻の形という。「ハ」の部分は、折られた刀であり、禁止を示すのだという。つまり「公」は横を向くな、正面を見よという意味という。正直であれ、真っ直ぐであれ、公正であれという意味だ。

息子の名前は「公樹《こうき》」。妻の発案だ。湯川ら五人の兄弟は、秀樹のように、いずれも名前の下の文字に「樹」を付けていた。「公」は社会、「樹」は自然の象徴とも言えよう。Society and Nature とも言える。環境社会学者の子どもの名にふさわしい。幼い頃の息子にはもっとわかりやすく、「みんなの樹」という意味だよと説明した。

†一九五四年

生まれたのは一九五四（昭和二九）年。前年の一九五三年に日本で初めてテレビ放送が始まった。一九五三年一二月にはアメリカのアイゼンハワー大統領が、国連で「平和のための原子力」を喧伝する演説を行った。一九五四年は世界初の原子力発電所がソ連で運転を開始した年であり、太平洋上でのアメリカの水爆実験によって、第五福竜丸の船員らが被曝した年でもある。三月には中曽根康弘らが突然原子力予算を国会に提出し成立させている。翌一九五五年には日米原子力研究協定が結ばれた。アメリカが日本に研究用の濃縮ウランを貸与することを定めた協定であり、その後の日米原子力協定、日本とカナダやイギリス・オーストラリア・フランスとの原子力協定のモデルとなったものだ。一九五六年の経済白書が「もはや「戦後」ではない」と記したように、敗戦から一〇年目、戦後復興が一段落した時代だ。

前年一九五三年の七月朝鮮戦争が休戦したが、米ソ冷戦の時代でもあった。冷戦を背景に、一九五四年七月には自衛隊が発足している。

私が生まれたのは、本格的にテレビ放送が始まり、原子力時代への期待が高まり始めた高度経済成長の前夜だった。

同年生まれの著名人には安倍晋三（前首相）、志位和夫（日本共産党委員長）、アンゲラ・メルケル（ドイツ首相）など、比較的政治家が目立つ。日本の場合、一九四七年から四九年生まれの団塊の世代には与野党ともに政治家が少なく、戦前生まれのリーダーを後継する立場にあったのが一九五四年生まれのようだ。

新幹線開業と東京オリンピック（一九六四年）を小学四年で経験し、後述のように人類初の月面着陸（一九六九年）を中学三年のときにテレビで見た。大阪万博（一九七〇年）の折は高校一年。石油ショック（一九七三年）を大学一年の秋に経験した。昭和から平成に年号が変わり、ベルリンの壁が崩壊した一九八九年（第四章参照）は三五歳だった。二〇一一年の東日本大震災と福島原発事故を仙台市で体験したのは、五六歳の折である。二〇二〇年三月末コロナ禍の中で、六五歳で東北大学の定年を迎えた。

人は誰でも大なり小なり「時代の子」だ。経済成長の影としての新幹線公害問題、原発問題をおもに研究し、環境社会学者を自認するようになるのは、こうした時代状況に規定されていたとみることができる。

†「大きな楕円に」――父と母

一九二八年生まれの父は旧制工業学校を卒業した銀行員だった。経済的な事情で大学には行かなかったが、早稲田大学の講義録を取り寄せて勉強したほどの向学心の持ち主だった、と父の没後、菩提寺の住職から伺ったことがある。文学青年だった父は、一九四八年二〇歳の折に、月山《がっさん》麓の岩根沢に疎開していた詩人丸山薫をひとりで訪ねている。おそらく半日がかりだったろう。

父は謹厳実直な銀行マンであり、努力家で、合理的な生き方を好み、家族を大事にする家庭人だった。外食を好まず、母の手料理ばかり食べたがった。一九九七年四月、心筋梗塞のため、六九歳で亡くなった。四〇歳以降俳句に目覚め、とくに六〇歳で定年を迎えて以降は、俳句とエッセーなどの執筆に明け暮れていた。父の遺稿を編集し、長谷川耿子《こうし》『やまがた俳句散歩――山寺・最上川・月山』として、二〇〇四年に刊行した（長谷川耿子二〇〇四）。もの知りで記憶力がよく、調べ物が大好きだった。晩年は山形県芸術文化会議常任理事・同専務理事や山形県俳人協会会長を務めた地方文化人だった。

職業人としての実務家的な志向と詩人の魂とを、父は二つながらに両立させていた。それは私自身にもある程度引き継がれているかもしれない。

息子が研究者になることは、ある意味では、経済的な事情等で許されなかった父自身の夢の実現でもあっただろう。

曲がりくねった韜晦《とうかい》な文章ではいけない。てらいやけれんを排して、明晰達意な、格の高い、簡潔で力強い文章を書くこと、これは小学四年生頃、父から厳しく戒められた教えである。

私は、指導学生の卒論や修論・博論・投稿論文、申請書等に丁寧に朱入れしてきたが、真っ直ぐな文章を書くことを子どもの頃に叩き込まれたことは、読書好きであることとともに、父からもらった大きな財産であり、深く感謝している。書き出しはどう始めるべきか、言葉をどう吟味するか。小学四年生の頃から、意識的に文章を書いてきた。

小学五年生頃だったか、何がきっかけだったか、父に叱られたことがある。そのとき父は「丸い小さな円ではダメだ。大きな楕円になれ」と諭した。小さくまとまるな、スケールの大きな人間になれ。欠点を矯正することよりも、むしろ自分の持ち味や特長を大きく伸ばせ、という励ましだった。子ども心に自分への信頼、期待の大きさを感じた。今でも、苦しいときにはこの「大きな楕円になれ」という言葉とその折の父の口調を思い出す。

母の実家は魚屋だった。蔵王の麓の山形市蔵王半郷に実家がある。歌人齋藤茂吉は母方の遠縁にあたる。上山市金瓶《かなかめ》にある茂吉の菩提寺は、母の実家の菩提寺でもある。

母も一九二八年の生まれで、本年九三歳。今も元気に俳句を詠んでいる。

女性に初めて選挙権が与えられた一九四六年四月一〇日の第二二回衆議院選挙。一七歳の母にはまだ選挙権はなかったが、開票作業を手伝いながら、女性が初めて選挙権を得たことに感激したという。

少年期を過ごした最上町は山菜採りがさかんで、小学校の行事としてわらび採り大会があったほどだ。母と二人で、毎年わらび採りに出かけたことも懐かしい。学生時代、初代高橋竹山の津軽三味線のライブ演奏を聴く機会があった。バチが鳴り出すと、なぜかたちまち、小学校時代のわらび採りの光景が広がってきた。春先に野焼きをしたなだらかな丘陵を母と上り下りしながら、大きなわらびを見つけては手折る。見え隠れする母を追った記憶だ。

経済的にはとくに豊かではなかったものの、姉と私と妹は、両親の愛情をたっぷりと受けながら、しかも平等に育てられた。後年、国際会議に招かれたり、海外からの客人のホスト役をする機会も増えたが、常識ある大人に育ったという感覚ゆえに、そういう折にもおどおどせずに、堂々とふるまえているように思う。両親の愛情としつけに感謝している。

父方にも母方にも近い親戚に大学卒の人はおらず、身近に接する大学卒の人というのは小・中学校の先生とお医者さんぐらいだった。

父と母の、ともに満たされなかった向学心と前向きな向上心、知的好奇心を受け継いで、私たちは、いずれも読書好きで、勉強のできる三きょうだいだった。

二〇〇四年、五〇歳の誕生日を在外研究中のミネソタ州ミネアポリスで迎えた直後、ウィスコンシン大学に講演に招かれたことがある。片道五時間グレイハウンドバスに揺られながら、自分の強みは何だろうと自問した。「一に向上心、二・三は無くて、四に日本語が得意なこと、五に明晰達意な日本文が書けることだ」と思った。向上心がないと、ようやく恵まれた五歳児と連れ合いを残して、五〇歳前後で、一〇か月間も海外で研究はできない。

†県境の雪深い町で

小学三年から中学三年の夏まで過ごした山形県最上町は、山形県の中でも秋田・岩手・宮城との県境に近い当時人口約一万五〇〇〇人（現在約八〇〇〇人）の雪深い小さな町だった。冬はよく吹雪いて、しばしば停電になった。こんな田舎にいて、自分の人生はどうなるのだろうと、幼な心に思った。春が近づくたびに、山形市に近い、もう少し都会の学校に行きたいと願ったが、中学三年の夏まで私たち一家はその町にいた。

しかし本屋が一軒もない、寂しい片田舎での六年半の生活こそが、その後の自分を育んでくれたと、後年感謝できるようになった。「いつか世に出たい」「いつか世に出よう」という強烈な思いを育んだのも、この最上町での六年半の生活である。私のアイデンティティを育んでくれたのも、県境の雪深い町での生活だった。

子ども時代を振り返って幸福に思うのは、経済的な意味でも、知的な意味でもとてもハングリーに育ったことだ。ハングリーだったがゆえに、学ぶこと、知ることの純粋な楽しさに導かれてきた。その意味でも幸せな人生だと思う。

世の中全体が前向きの、高度経済成長期の右肩上がりの時代でもあった。

原発問題や核燃料サイクル施設問題で苦悩する周辺部の地域社会（第五章参照）、東日本大震災や福島原発事故の被災地域・被害地域。後年になって、青森県六ヶ所村をはじめ、これらのケーススタディをすることになるが、人口一万人前後の小さな町のリアリティ、県境の町の悲哀を子ども心に感受しながら育った。

二〇一九年九月、最上町立東中学校の同級会があり、五〇年ぶりに当時の仲間たちと再会した。四クラス一六八名の同級生の中で大学に進んだ者は数える程度のようだが、地道に地域や社会を支えてきた彼らの奮闘ぶりに頭が下がった。

†『知的生産の技術』を読む

一九六九年七月二一日（月）、尾花沢中学に転校した初日。同じ日、日本時間の一一時五六分アポロ一一号の宇宙飛行士が史上初めて月面に降り立った。給食の時間を早めて、クラスでテレビ中継に見入った。私は、たまたま、その日の朝「人類初の月面着陸の日に、転校してきました」と挨拶した転校生だった。

夏の甲子園の決勝戦で、青森県立三沢高校の太田幸司投手が松山商業を相手に延長一八回を投げ抜き、再試合で敗戦した。この二試合をテレビで見たのもこの夏だった。

鮮烈な一九六九年の夏だった。

今度は家の近くに書店があった。岩波新書も置いており、出たばかりの梅棹忠夫『知的生産の技術』(梅棹 一九六九)を読んだ。たちまち魅了され、自分がすべきことは「知的生産」だ、と決意した。この本は知的生産という概念とともに、ファイルやカード・システムという画期的なノウハウを日本にもたらした。従来のノートのように、順番に情報を綴じ込むのではなく、組み替え操作が容易で、柔軟な発想をもたらすカード方式の利点を力説していた。梅棹推奨のB6判の京大型カードは、尾花沢市では入手できず、画用紙を切って自作した。B6判は、週刊誌や当時の大学ノートB5判の半分のサイズである。アイデアやいろいろな情報を、梅棹の教えどおりに、このカードに表題を付けて一枚一件の原則で書き付けた。

翌一九七〇年、山形東高校に入学した。ようやく人生が開けてきたという歓びがあった。尾花沢から大石田駅に出て、奥羽本線の列車で通った。家から高校まで片道約二時間。クラスで一番遠くから通っているのが、私たち尾花沢市からの通学生だった。

朝夕の奥羽本線からの車窓風景は美しかった。残雪の月山・蔵王連峰、桜桃の花、林檎《りんご》の花、青田、稔田、初冠雪。文芸部に入り、小説のストーリーを四六時中考えていた。当時は大学教員兼作家兼文芸評論家に憧れていた。大学では仏文学を専攻しようと思っていた。

『仮面の告白』や『金閣寺』などを愛読していたがゆえに、一九七〇年一一月二五日に起こった三島由紀夫割腹事件は衝撃だった。ただし私自身は、三島の行為に批判的だった。梅棹の文化人類学に続いて、社会学という学問の存在を初めて知ったのは、高校三年の折、清水幾太郎の『論文の書き方』(清水 一九五九)を読んだときである。

この本の冒頭に、関東大震災の直後、中学三年だった清水が、「自分の一生を社会学に捧げようと決心」したというくだりがある(清水 一九五九、二頁)。学生時代ドイツ社会学の文献を一〇〇〇字で紹介する任務を与えられ、「書くことを通して、私たちは本当に読むことが出来る」ことを学んだという一節もある(清水 一九五九、八頁)。この本は、社会学という学問の存在を強く印象づけてくれた。

†駒場での出会い

一九七三年東京大学文科三類に入学。庶民宰相と呼ばれた田中角栄内閣(一九七二年七月から七四年一二月）の時代だった。一〇月に第四次中東戦争が勃発、石油価格が急騰し、オイルショックと呼ばれた。田中の日本列島改造論の影響もあり、物価や地価が上昇し、書籍の値段も上がった。「狂乱物価」などの活字が躍る落ち着きのない時代で、田中内閣の支持率は急速にしぼんでいった。オイルショックを機に、高度経済成長から安定成長へと、日本社会は軌道修正を余儀なくされた。

明治大学の学生だった姉と京王線沿線の千歳烏山《ちとせからすやま》の二階に間借りして住んだ。駒場の図書館の前にハナミズキがあった。都会の爽やかさを象徴するような洒落た花だと思った。当時、山形ではあまり見かけなかった。

冬の日本海側はどんより曇って雪が多い。とくに最上町や尾花沢市のように、一晩に二、三〇センチも積もるような、山形県内でも豪雪地帯で育った。

衝撃を受けたのは、東京の冬は空気が澄んで晴れわたる日が多いことだ。富士山も見える。東京の冬の好天は、日本海側と太平洋側との差別と分断の象徴のような気がした。

深田久弥《きゅうや》が「東北人特有の牛のような鈍重さをもって、ドッシリと根を張っている」と形容した蔵王山（『日本百名山』〔深田　一九六四〕、第一章章扉参照）。優美な月山。これらの山々を心の拠り所として生きてきた。四方を山に囲まれた小宇宙のような盆地で育ったがゆえに、東京生活で物足りなかったのは、冬の富士山をのぞいて、ふだん山が見えないことだった。
一、二年時のクラス担任は比較文学の芳賀徹《はがとおる》。フランス語と関連の授業は、渡辺守章《もりあき》・平川祐弘《すけひろ》・小林善彦・稲生永《いのうひさし》・丸山圭三郎（非常勤を含む）など錚錚《そうそう》たる先生方に学んだ。当時は駒場キャンパスがもっとも駒場らしい黄金時代だったのではないだろうか。とくに丸山のソシュール言語学の講義はとても刺激的だった。木村尚三郎・村上陽一郎や非常勤で来ていた由良君美《ゆらきみよし》・正村公宏《きみひろ》らの講義にも魅了された。
正村の「経済学」の最終日、正村にもっと話が聞きたいというと、快諾くださり、新宿のプチモンドというレストランでお目にかかった。正村は「二〇代はどうしても視野が狭くなりがちです。視野を広くもつように」と助言くださった。そのとき、横浜国立大学一年生の息子さんを連れていた。

その方が正村俊之であり、大学院で再会し、のちに東北大学に招き、同僚となった。山登りの好きな彼の案内で、院生時代、二人で南アルプスの鳳凰《ほうおう》三山に登ったこともある。長野県安曇野《あづみの》にあった別荘にお邪魔し、彼がバイオリンでバッハの無伴奏を奏くのを聴いたこともある。

†社会学こそ学問の王様だ

当時の駒場キャンパスでは、一般教養ゼミナールという演習がさかんだったが、とくに見田宗介《みたむねすけ》ゼミが人気だった。サルトルの集列性をはじめ『現代社会の存立構造』（真木一九七七）のもととなるような話をしていた。六歳年長の橋爪大三郎が黒いTシャツとジーンズ姿で、師範代のような雰囲気で出席していた。『展望』一九七三年五月号に発表されたばかりの「まなざしの地獄」の一般市民向けの読書会に参加した思い出もある。

東大闘争から四年が経過していたが、教員と学生の間にはなれあいを排するような緊張感が残っており、本郷とは異なる、学際的な新しいものをつくろうという意気込みがどの授業からも感じられた。

俳句と出会ったのも、駒場時代だ。一般教養ゼミナールの中に小佐田哲男（山口青邨《せいそん》門下の俳人でもあった）が指導する「作句演習」があった。二年の後期に受講し、東大学生俳句会にも参加するようになった。

駒場時代にとくに読んで面白かったのは、スチュアート・ヒューズの『意識と社会』『ふさがれた道』『大変貌』という三部作だ。一八九〇年代から一九六〇年代のフランス・ドイツを中心とする、レヴィ・ストロースの構造主義に至る社会思想史である。興奮しながら頁を繰った。

　仏文学に憧れて大学に入ったが、もっと確実性に裏づけられた研究をしたいと思うようになった。文学の外に、もっと広く奥深い知の沃野が広がっていることがわかってきた。小説の枠組は狭すぎる。もっと大きな知の見取り図があるじゃないか。

　地方の銀行員の家庭で育った自分は堅実な「堅物」であり、作家になるような、ワイルドさが欠けている。デモーニッシュな資質でもないことも意識するようになった。

　子どもの頃から、説明するのが好きだった。説明を読むのも、解説を聞くのも好きだった。なぜそんなことが起きたのか。動機は何だったのか。その帰結はどういう意義を、当事者にとって、また社会にとって持つのか。そういう謎解きこそ、自分がしたいことだと思うようになった。

　行動や実践に直接かかわるよりも、観察し、説明し、意味づけることが好きだった。二年次にあがる頃までには、社会学こそ自分がやるべき分野だと思うようになった。社会構造や社会の変動を論理的に説明する、それこそ学問の王様じゃないか。

　経済学も法学も政治学も、心理学も対象が狭すぎる。哲学は思弁的すぎる。事実に裏づけられた社会学の幅広さ、奥行きの深さ、人文科学と社会科学の接点に位置することなどが魅力的だった。

†恩師吉田民人との出会い

一九七五年四月、本郷の社会学研究室に進んだ。

誰にとっても大なり小なりそうだろうが、とくに県境の雪国で育った私にとっては、高校・大学と加速度的に世界が広がっていくような、知的な眩しさがあった。

幸運だったのは、私たちの本郷進学と時を同じくして吉田民人《たみと》が京大教養部から着任したことだった。四月時点で当時吉田は四三歳。前年六月刊行の東京大学出版会の『社会学講座1　理論社会学』に代表作の一つ、独自の情報－資源処理パラダイムにもとづく「社会体系の一般変動理論」（吉田　一九七四）を発表していた。刊行されるとすぐに線を引きながら熟読した。吉田のもっとも脂の乗った時期でもあったろう。心待ちにしていた着任だった。

第一回目の講義。私たちの前にノートも何も持たずに現れた吉田は、早口で、「（人民を逆さにしているから）「民人」は人民の敵だよ」というような冗談を交えながら、文字どおり弾丸のように話を進めた。「創造的破壊」を説き、「読む前に（まず自分で）考えろ」と強調された。

一回ごとに完結するように、まとまりもつけるというアクロバティックな講義だ。論文は精緻で難解だったが、授業は簡明でわかりやすく、骨太で、迫力があった。

人生には幸福な出会いが何度かある。吉田との出会いもそうだった。京大出身の吉田が東大の社会学研究室に招かれたのは当時としては異例の人事だったから、大学三年生で吉田と巡り会えたのは、本当に幸福な、かけがえもなく幸運な出会いだった。

吉田民人の影響を強く受けたためもあって、社会システム論・社会変動論こそ社会学の王道という思いは今も強い。ちょうど私が本郷で学んだ、一九七〇年代半ばから八〇年代半ば頃までが、日本における社会システム論・社会変動論の全盛期だった。社会システム論にもとづく現状分析的な研究が進展しなかったせいもあって、またシンボリック相互作用論や現象学的社会学の台頭もあって、一九八〇年代半ば以降、社会システム論・社会変動論が急速に萎んでしまったのは残念だ。

一九七七年、大学院進学にあたって、吉田を指導教員に選んだ。一九七九年、川崎賢一、前述の正村俊之、宮野勝と私の四人は、最初の指導学生として修士論文を提出し、博士課程に進んだ。吉田にも、私たちにも、研究室の中に、新しいスタイルと潮流をつくっていくんだ、という自負があった。口には出さずとも、自分たちが一期生的に牽引していこう、という矜持があった。

吉田民人との出会いがなくても、私は、結果的に、環境社会学や社会運動論、市民社会論などを中心とする今のような研究テーマを選んだかもしれない。しかし確実に言えるのは、吉田の教えと導きがなければ、今よりもずっとつまらない、スケールの小さな研究者にとどまっただろうという思いである。

吉田は内容に立ち入った細かな論文指導はしなかったが、研究者としての構え、いわばバッターボックスでの心構え、ヒットの打ち方、長打の狙い方、ミートの仕方を教えてくれた。何よりも、考える喜び、アイデアを育てる喜びを教えてくれた。基本的なものの考え方、発想の仕方、研究者としてのスタンス・生き方・処世等々、一切を教わった。

何の分野であれ、基本を正しく教わることは決定的に重要だ。そして、自分自身が基本を正しく教わったという確信を持つことは、大学教員として教壇に立ち、学生・院生を指導していくうえで欠かすことのできない精神的な支えである。

内容に立ち入った細かな論文指導や草稿への朱入れという点では、私の方がはるかに丁寧な指導をしているという自負はあるが、吉田の講義を受けたときのような明晰に世界を開示していく知的な歓びを、学生に伝え得ているだろうか。二〇歳前後の私が感じた知的な眩しさ。そういうものを学生に提供し得ているだろうか、といつも自省してきた。

†高橋徹と富永健一・小室直樹

駒場キャンパスがそうだったように、吉田が着任した当時の社会学研究室も黄金時代だった。福武直・青井和夫・高橋徹《あきら》・安田三郎・富永健一と吉田の六人である。

高橋徹も、吉田とは別の意味で天才的だった。見田宗介・庄司興吉・宮島喬《たかし》・矢澤修次郎をはじめ、たくさんの弟子を育てた。風貌も服装も、いろいろなコメントの仕方も「スタイリスト」だった。時代感覚やセンスの良さに秀でていた。

書き出しも巧みだった。個々の論文の草稿やアイデアのどこが面白いのか。書いた当人も意識していないようなコンテクストの中に見事に位置づけて、それらを言語化する眼力があった。

一九七七年の日本社会学会大会は、東大が開催校だった。修士一年の私も応援に駆り出されたが、大会終了後最初の演習で、学会大会の感想を尋ねられた。聞き終えて、高橋は「学会はパンとサーカスだよ」とコメントした。院生や若い研究者がアクロバティックな報告（サーカス）をして職（パン）にありつくんだ、ということの徹ちゃん流の表現だった。

資源動員論や新しい社会運動論をはじめ、社会運動論については、高橋に多くを学んでいる。

天才肌で才人の高橋徹、吉田民人に対して、富永健一は努力家の秀才という印象だった。三年の富永の演習では、前年に出たばかりの佐藤勉訳のパーソンズの『社会体系論』(Parsons 1951=1974)を読んだ。レポートを富永は赤鉛筆でしるしを付けながら読み、丁寧にコメントを付けて返してくれた。パーソンズの二重条件依存性について書いたレポートだったが、富永から好意的な評価を得たことで、社会学をやっていこうという自信がついた。いずれも鬼籍に入られたが、それぞれに個性的なこの三人は、かけがえのない恩師である。

吉田民人は二〇〇九年、七八歳で逝去された。遺言で葬儀は行われず、翌年三月「吉田民人先生を語る会」を開いた。京都化野《あだしの》の念仏寺の両親の墓に眠っておられる。「科学者として生命の根源である海に帰りたい」という遺言に従って、遺骨の半分は富士の見える茅ヶ崎沖に散骨された。

四六年前、一九七五年に二〇歳で最初に出会った折、高橋徹は四八歳、吉田・富永は四三歳。現代の感覚からみるとずいぶん若い。四〇代半ばの彼らが日本社会学界を文字どおり牽引していた時代だった。

吉田・富永はともに一九三一年生まれ。塩原勉、鈴木広、浜口恵俊など、日本の社会学者には一九三一年生まれが多い。吉田や富永は、一九四五年の敗戦を一四歳で迎え、一九五〇年四月第一期生として新制大学に入学している（富永 二〇一一）。

大学院では小室直樹ゼミにも顔を出すようになった。私の小室直樹の思い出とエピソードは『評伝小室直樹　上』（村上 二〇一八、五一七―九、五二八―三〇、五七四―九頁）に詳しい。小室も、富永・吉田とほぼ同世代だった。小室は稚気たっぷりな天才肌で、どこが一番のポイントなのかを見抜き、エッセンスを直感的に説明するのが得意だった。大きな幹と細かな枝葉との関係を巧みに浮かびあがらせた。

†転機――「五月祭」のお芝居

誰にでも人生の転機がある。私にとっての一つの転機は、四年生の「五月祭」で、つかこうへいのお芝居を演じたことだ。「つかっつかっツカツカ　しのびよるドラマ……」。これはガリ版刷りのパンフに使った言葉だ。

当時は、唐《から》十郎の「状況劇場」、佐藤信の「黒色テント」、寺山修司の「天井桟敷」など、アングラ演劇が人気があった。駒場には「劇研」と呼ばれた演劇研究会があり、二学年下の野田秀樹が「劇研」をもとに劇団夢の遊眠社を起ちあげたばかりだった。

社会学の同期に細井陽子という元劇研メンバーがいて、彼女の呼びかけで、七人で五月祭でつかこうへいの「出発《たびだち》」を上演することにした。「熱海殺人事件」のつかこうへいの絶頂期で、三浦洋一・平田満は、劇団つかこうへい事務所の人気役者だった。

私は母から送ってもらった「どてら（丹前）」を着て、歌舞伎好きの熊田というお爺さんの役をして「見え」を切ったりした。現在評論家として活躍している吉岡友治が主役を演じた。一九八〇年代後半から写真評論家として大活躍する飯沢耕太郎（当時日大芸術学部写真学科の学生だった）が、仙台一高以来の吉岡の友人で、ローライの二眼レフカメラを提げて、何度も応援に来てくれた。アメリカ文学の研究者として名高い柴田元幸が音楽を担当した。

約一か月間猛稽古をして、今風にいうと「吹っ切れた」。それまで私は「見る人」で「行動する人」ではなかった。観察と意味づけが好きで、自分自身が動くことには消極的だった。旅をしようにもお金もなかったし「田舎者コンプレックス」もあった。時間的な余裕も、精神的な余裕もなかった。何事にも慎重にならざるをえない。演習などで頭角を現し、先生方に何とか認めてもらおうという思いで必死だった。「高校・大学時代のハセガワクンは、何かオジサンみたいだったよ」という友人の評がある。

この芝居をやって実感した。「世界は舞台。人は役者」（シェイクスピア）。ようやく度胸がついた。

「あがすけスンナ」という独特の山形弁がある。調子に乗るな、出しゃばるなという意味だ。「能ある鷹は爪を隠す」。母はよくこういって、幼い私を諭した。

ステレオタイプ的な見方は慎むべきだが、関西や九州出身の人に比べると、一般に東北出身者は押し出しが弱い。とくに同郷の齋藤茂吉に代表されるように、山形県内陸部の出身者は内気で粘着質の人が多い。気後れする。口べタだ。社交辞令が言えない。自己アピールが下手。切り返しが一テンポも二テンポも遅れる。言葉を呑み込んで、黙ったままということもある。

だったら口べタを自覚して、宴席などでの雑談は苦手でも、ここぞというスピーチは上手な人になろう。大事な場面では、堂々と、さわやかに弁の立つ山形人になろう。言葉数は少なくとも、気の利いたことを言おう。大学四年の「五月祭」での決意だ。

†多士済々

当時、社会学研究室の同期生は一学年三〇人。前述の吉岡のほか、TBSの「報道特集」のキャスター金平茂紀、シングルマザーの地位向上に取り組んできた赤石千衣子などが著名だ。NHKディレクターだった関藤隆博のように、良い番組をつくられたが早世した方もいる。吉岡、赤石とは、橋爪大三郎の訳文をテキストにして、レヴィ・ストロースの『親族の基本構造』の読書会をした。

その後電通に入り、ネスカフェのCMなどを担当した、つかこうへいの芝居に一緒に出た長野県出身の友人がいる。四年生の夏頃、彼から言われた。「長谷川は不器用だから大学院に行った方がいいよ。不器用だっていうのは文学部じゃあ誉め言葉だよ」。

✝船橋晴俊・梶田孝道との出会い

大学院に進んでからの大きな出会いは、船橋晴俊・梶田孝道の「社会問題研究会」に参加したことだ。梶田（一九四七―二〇〇六年）は、一九七七年、私の大学院進学と入れ違いに津田塾大学の専任講師になった。船橋（一九四八―二〇一四年）は、一九七六年一〇月から社会学研究室の助手をしていた。二人は現実の社会問題の中からつくった作業仮説を積み上げていく「中範囲の理論」化をめざしていた。

船橋・梶田らと始めたのが、次章で詳述する新幹線公害の研究である。

船橋とは続いて、一九八八年からは青森県六ヶ所村の核燃料サイクル施設問題も一緒に研究するようになった。調査チームのつくり方、現地との向き合い方、聴き取りの仕方、ノートの取り方、学生・院生の指導の仕方、研究者としての生き方等々、いろいろなことを教わった。いつも真摯で、ひたむきに、真っ正面から問題に向かわれた。相撲の世界の兄弟子のような存在であり、ぶつかり稽古のように議論の相手として鍛えていただいた。私は、船橋の実質的な最初の弟子を任じている。ずいぶん生意気な弟弟子でもあったろう。研究関心の近い六歳年上の先輩との出会いは、何よりもかけがえのない財産だ。

飯島伸子を盛り立てて、鳥越皓之らとともに環境社会学会の隆盛を導いたのは、船橋の大きな功績である。

阿部次郎は、ゲーテと漱石の命日には毎年俳句を詠み、盃を献じて、晩酌を楽しんでいたという。私もそのひそみに習って、八月一五日の船橋の命日にはできるだけ句を詠むようにしている。冬虹《とうこう》は俳号である。

敗戦日丸山忌にして恩師の忌
ことさらに敗戦の日に逝かれしか　　長谷川冬虹

奇しくも八月一五日は、政治学者丸山眞男（一九一四―九六年）の命日でもある。

船橋・梶田の二人には、こちら側の生意気さを包容してくれる人間的度量があった。

一九八六年八月、船橋がフランス政府給付特別留学生として渡仏する直前に、法政大学の市ヶ谷キャンパスで三人で会った折に、日本の社会学は、国際的にあまり認められていない、見田宗介も吉田民人も、世界的には知られていないと語りあったことがある。三人ともまだ三〇代だったが、日本の社会学の国際発信の必要性を痛感していた。二〇一四年の世界社会学会議横浜大会の招致・開催に取り組むことになる原点的な思い出である。

†〈コンフリクトと社会変動〉――生涯のモティーフ

卒論のテーマは社会変動論であり、修士論文のタイトルは「対立関係の一般理論」だった。当時は、パーソンズ流の構造-機能分析的な説明枠組によって社会変動をどう説明するのか、コンフリクト（社会紛争）をどう説明するのかが理論的課題だった。社会変動論は富永・吉田・小室らが取り組んでいたが、社会学的なコンフリクト研究は手薄だった。

　卒論・修論に取り組む中で、パーソンズの高弟スメルサーの社会変動論などを手がかりに、私は〈コンフリクトと社会変動〉という一生を貫く研究テーマと出会った。高速交通やエネルギー、気候変動、環境NGOなど、いろいろな問題・現象に首を突っ込んできたが、〈コンフ

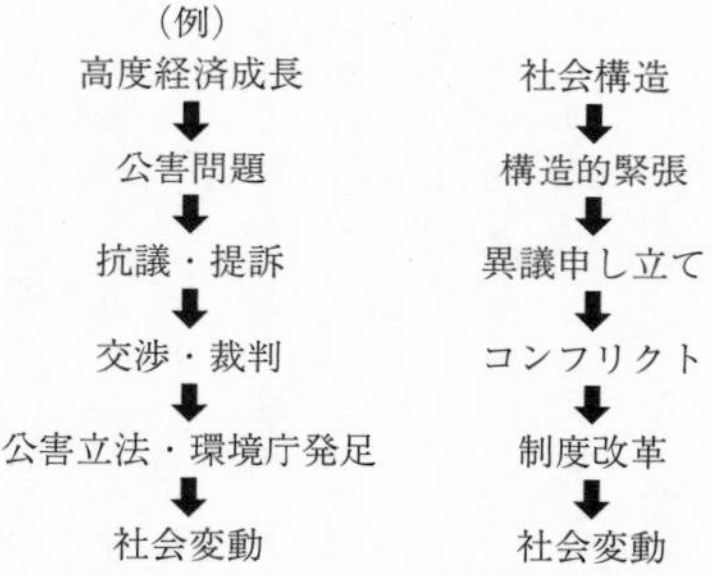

図1-1　コンフリクトと社会変動

リクトと社会変動〉は私の生涯を貫いている研究視角である。

社会構造に規定されて構造的緊張が生じる。何らかの人々がそれに対して異議申し立てを行い、コンフリクトが顕在化する。コンフリクトが一定のインパクトを持てば、制度やルールが変わり、変革・革新が起こる。その変革や革新が一定の規模を上回れば、社会構造が変わった、つまり社会変動が生じたことになる。コンフリクトこそ、社会変動の中心的な動因である（図1－1参照）。

典型的な例をあげれば、高度経済成長下で生じた四大公害事件（構造的緊張）に対して、住民運動や裁判闘争などのかたちで異議申し立てが行われ、被害救済を求めるコンフリクトとして顕在化した。公害対策基本法が制定され、さらには改定され、環境庁が発足するなどの制度改革が行われ、公害問題に関する社会的認識も変容した。公害問題をめぐる同時代の状況の変化、社会の変化は、このような〈コンフリクトと社会変動〉という問題把握のリアリティと有効性を実感させた。

†「社会学それ自体の内包的希薄化」――富永健一の憂い

日本でも欧米でも、環境社会学の研究者には、とくに若い世代になるほど、理論社会学や社会学理論への関心が薄らぐ傾向がある。第六章で後述するように、学部学生や院生時代から確立した専門分野としての環境社会学を学び始めるゆえでもあろうが、本当にそれでいいのか、という大きな疑問がある。

ウェーバーやデュルケーム、パーソンズを知らなくても、社会学概論を担当できなくても、環境社会学や社会運動論を教えることはできる。専門分化は、一般に学問発展の基本的な方向性である。しかしそれでいいのだろうか。

理論社会学や社会学理論に関する基礎的なトレーニング抜きで、応用的な研究にばかり走り過ぎるのは、環境社会学や社会運動論をやせ細らせることになるのではないか。

富永健一は一九九二年三月に東京大学を定年で退職したが、その折の最終講義「社会学とともに」の中で、戦後日本の社会学は「外縁的拡大」を遂げたが、これと相関的に「社会学それ自体の内包的希薄化」が進んだことを憂いていた。

富永の期待に反して、一九七九年のパーソンズ没後、パーソンズ的な社会システム論は、欧米でも日本でも急速に忘れさられることになった。国際的にはゲーム理論など合理的選択理論の台頭の影響が大きい。

社会システム論、合理的選択理論、意味学派、批判理論という現代社会学の四つの主要な立場に関する見取り図は長谷川公一（二〇〇七b、八二―三頁）で示した。日本では吉田が意味学派と呼んだ、現象学的社会学やシンボリック相互作用論、エスノメソドロジー的な研究がさかんになり、社会システム論的な社会変動論への関心はにわかに後退した。小室や吉田らの立論を批判した、橋爪大三郎ほかの「危機に立つ構造‐機能理論」（橋爪ほか一九八四）が与えた理論的な影響も大きかった。

医療社会学・災害社会学・スポーツ社会学など、連字符社会学（branch sociology）の対象や領域は、近年いよいよ拡がりつつある。ゆりかごから墓場まで、二人関係から地域社会、グローバルな地球全体に至るまで、一切の社会現象は、社会学的分析の対象となりうる。上野千鶴子、橋爪大三郎、大澤真幸、宮台真司をはじめメディアで活躍する社会学者も多い。

しかし社会学の学的コア、プリンシプルとしてのコアは何なのか。社会学的分析のアイデンティティの核心は何なのか。法学の場合には法という核心があり、経済学の場合にはさまざまな限界はあれ市場メカニズムが核であり、政治学の核は政治権力の作動である。

社会学の学的コアが曖昧化し、希薄化しているということは、あたかも大都市圏のドーナツ化現象のように、社会学の領域が郊外に延びる一方で、中心部の空洞化が進んでいるということだ。社会学はアイデンティティの曖昧な、雑多なもののよせ集めになってしまっているのではないか。約三〇年前の富永の歎きは、現在もなお妥当しよう。国際的にみても、後述のように、二〇〇四年のブラウォイの「公共社会学」の提唱が反響を呼んだぐらいで、社会学のアイデンティティ問題は五里霧中の状態が続いている。

私自身は、社会システム論から出発したことによって、ともすれば周辺的な領域とみなされがちな社会運動論や環境社会学のテーマと、本流と期待されてきた社会システム論との関係を常に意識させられてきた。顧みると幸福な出発点と経路だったといえる。金子勇との共著『マクロ社会学』(金子・長谷川 一九九三)、金子勇と企画・監修した『講座・社会変動』(全一〇巻、金子・長谷川 二〇〇一—一七)は、原点である社会システム論的な社会変動論の延長上の仕事である。

第二章

新幹線公害問題の衝撃

民家の軒先を突っ切る東海道新幹線(1985年9月)(時事通信社提供)

†高速鉄道の世界的再評価

一九六四年一〇月、東京オリンピックを目前に開通した東海道新幹線は世界初の高速鉄道だった。東海道新幹線は戦後日本の技術立国のシンボルであり、高度経済成長のシンボルともいえる。その成功は、高速鉄道の世界的再評価をもたらした。フランスのＴＧＶ（一九八一年開業）、ドイツのＩＣＥ（一九九一年開業）、韓国のＫＴＸ（二〇〇四年開業）、台湾の高速鉄路（二〇〇七年開業）、中国の高速鉄道（二〇〇七年開業）など、その後、各国が追随して高速鉄道に力を入れている。

一九五〇年代半ば東海道新幹線の建設が検討されていた頃は、これからはジェット機と高速道路の時代であり、高速鉄道はもはや時代遅れだという鉄道斜陽論が強かった。東海道新幹線の成功は、五〇〇キロメートル、三時間以内であれば、鉄道はジェット機に十分対抗しうることを示した。

二〇二一年現在、日本では、東海道新幹線、山陽新幹線、東北新幹線、上越新幹線、北陸新幹線、九州新幹線、北海道新幹線（新青森駅から新函館北斗駅まで）の計七路線、総延長二七六五キロに拡大している（フル規格に限定）。
エネルギー効率の高い高速大量輸送手段は、気候危機の時代を迎えて、ますます評価を高めつつある。

†「日本列島の主軸」――交通・通信ネットワーク

一九六四年は日本社会が「高速交通時代」を迎えた年でもある。日本初の高速道路・名神高速道路が部分開業したのは一九六三年七月。一九六四年六月には東京―大阪間にジェット機が就航（東京―札幌、東京―福岡間には六一年秋から就航していた）、本格的な「ジェット化」時代を迎えた。高度経済成長のまっただ中に、ほぼ時を同じくして、東京―大阪約五〇〇キロ間で、新幹線、高速道路、ジェット機が本格的なサービスを開始した。この区間での交通需要の急速な伸びと輸送力の逼迫《ひっぱく》に対して、いわば後追い的な対応だったともいえる。

それに対して、新全国総合開発計画（新全総、一九六九年）は交通・通信ネットワークの建設・整備を「情報化・高速化という新たな観点」にもとづく「国土開発の新骨格」と位置づけていた。とくに東京―福岡の一〇〇〇キロ、東京―札幌の一〇〇〇キロのラインが「日本列島の主軸」とされ、戦略的な意味を担わされていた。国土を機能的に一体のものとして合理的・効率的に経営するための戦略的な手段が高速交通ネットワークだった。

†新幹線の光と影

しかし新幹線には光とともに、影の部分がある。新全総と同じ一九六九年に井上ひさしが発表した初期の代表作に「日本人のへそ」という卓抜な芝居がある（井上 一九八四）。一九八〇年代後半に緑魔子主演の仙台公演を見たことがある。緑が扮する主人公のストリッパーは遠野出身で、集団就職で、列車で上京する。劇中に、遠野・綾織・岩手二日町……と各駅停車で一駅も漏らさずに駅の名を次々と呼び上げ、……田端・日暮里・鶯谷・上野で終わるシーンがあった。かつての上京の旅を象徴し、無数の名もなき東北人を称揚し、そしてローカルな価値を新幹線的なものに対峙する卓抜なシーンだった。仙台公演だったので、……岩切・東仙台・仙台・長町・南仙台・名取……と仙台周辺の駅名が北から順に告げられると喝采があがった。

大都市間を高速で結ぶ新幹線のもとで、途中駅は通過駅化する。新幹線の駅にはモダンな駅舎が作られ、東京との時間距離の短縮が喧伝されるが、途中駅は寂れ、切り捨てられ、忘れさられる。新幹線は、冷徹に「選択と集中」を押し進めてきた。

東北新幹線が大宮―盛岡間で暫定開業したのは一九八二年六月。約四〇年前のことだ。

仙台駅と東京駅間約三五〇キロは、東北新幹線の開通前は、上野駅で乗り換え、約四時間半かかっていた。二〇二一年現在は最短で一時間二九分。約三分の一に短縮された。では同じ宮城県内の仙台駅と気仙沼駅間約一五五キロの所要時間はどうか。仙台から気仙沼に向かうには、一ノ関駅まで新幹線を利用し、大船渡線に乗り換え、最短で約一時間五〇分かかる（一ノ関駅での乗り換え時間を含まず）。一ノ関駅での乗り換え時間を含めると約二時間。しかも一日一一往復しかない。仙台から気仙沼はひどく遠い。

東日本大震災の発災直後、私は反省した。東京への出張は月平均三回ぐらい。年間三〇回以上は出張してきたのではないか。一方、仙台駅から北側に、あるいは石巻などのある海側に向かうことは一年に何度あっただろうか。一九八四年に仙台に住み始めて、自分は東京ばかりをずっと向いてきた。

仙台から見ると、東京が近づいた分だけ、石巻、気仙沼等の沿岸部は物理的にも心理的にも遠くなった。東日本大震災の被災地はほとんどが、高速交通網の整備から取り残された地域である。

郡山市、福島市、仙台市、盛岡市などの拠点性は高まったが、内陸部の拠点都市と、沿岸部との地域間格差は拡大した。新幹線は沿岸部のスクラップ化を押し進めたのである。

新幹線が開業して、仙台市、盛岡市、新潟市などが便利になったと思われがちだが、高

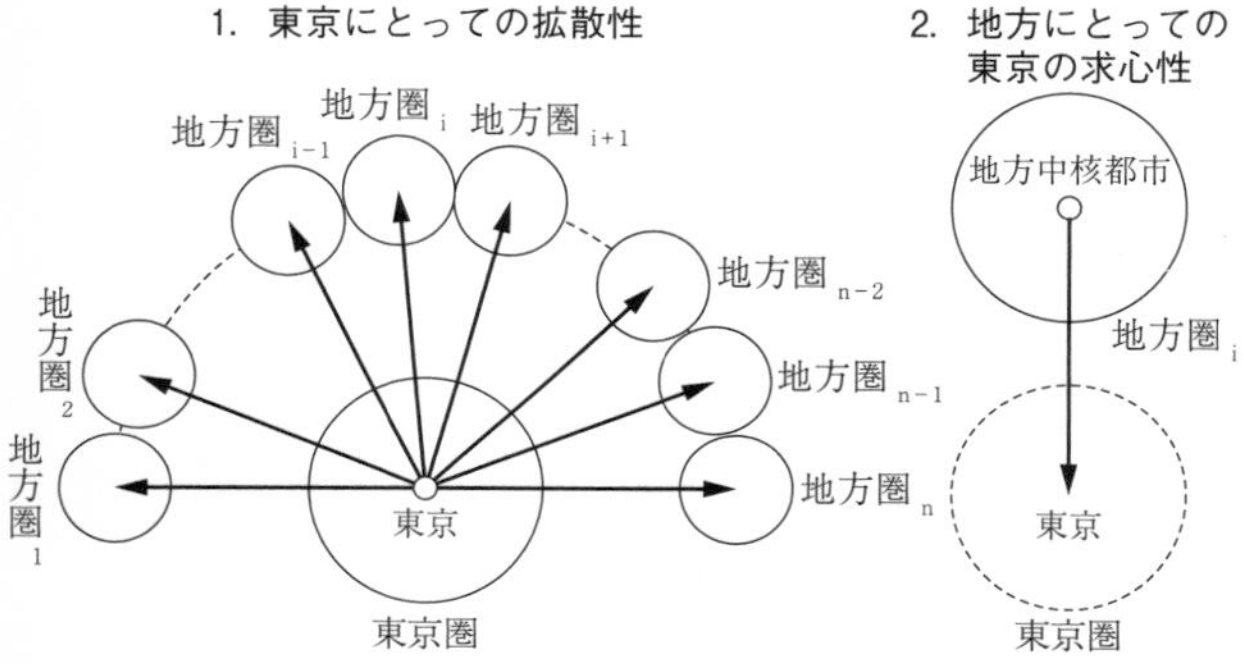

図2－1　高速交通ネットワークの意味（船橋ほか 1988: p.230）

速交通ネットワークの全国化は、新全総の狙いどおり、扇の要に位置する東京の交通利便性をどこよりも高めることに貢献した（図2－1参照）。地方都市の側からすると、東京への依存度がますます高まった。そして高速交通ネットワークから取り残された下北半島や三陸沿岸、日本海側、四国などの周辺化が進むことになった。このような周辺化され、スクラップ化された地域が、原発や核燃料サイクル施設のような原子力の危険施設を受け入れていくのである。

一九八〇年代後半以降、一層顕在化した東京圏一極集中化、東北地方における仙台圏一極集中化の元凶の一つは、東北新幹線と東北自動車道、航空機のジェット化という高速交通ネットワーク整備の拡大である。

仙台と言えば牛タン焼き。首都圏などから来た友人に何が食べたいか尋ねると、牛タン屋を希望する場合が多い。筆者は仙台に住み始めて三七年になるが、地元の人同士で牛タン屋に呑みに行くことはまずない。牛タン屋はおもに観光客御用達だ。仙台の牛タン人気が急速に高まったのは、新幹線が開業し、NHKの大河ドラマで「独眼竜政宗」が放映された一九八七年頃からだ。

東北新幹線の開業によって仙台が全国区になるとともに、仙台名物、特産品が求められるようになった。そこで一躍ブームとなったのが牛タン焼きであり、「萩の月」などの菓子だ。高速交通の時代になってビジネス客や観光客が増え、要請されるようになった新たなローカルな魅力が、牛タン焼きや銘菓であり、「杜《もり》の都」というフレーズの再発見である。札幌名物も、博多名物も、広島名物も同様だろう。全国的な交流の増大こそが、ローカルな名物を必要とするのである。

他方、新幹線のもう一つの影が、沿線住民に直接的な影響を及ぼす騒音・振動公害である。

†「生みの親」に責任はないのか――新幹線設計思想の致命的な欠落

東海道新幹線の設計思想には致命的な欠陥があった。騒音・振動対策が欠落していたのである。東海道新幹線の建設を担った技師長・島秀雄は、新幹線の基本的な設計思想を3Sと3Cと語っている。高速（Speedy）、安全（Safe）、確実（Sure）、乗客にとっては快適

(Comfortable)、安全(Carefree)、安い(Cheap)。「われわれ鉄道人はこの3S・3Cをいかにして最も効果的に、タイムリーに実現させるかに心を砕いた」(島 一九六四、一四五頁)。この基本思想は、他の交通機関と立体交差させること、直線最短距離の線路とすること、広軌を採用すること(在来線は線路の幅が一〇六七ミリの狭軌だった。新幹線は一四三五ミリの広軌を採用している)、ATC(自動列車制御装置)およびCTC(列車集中制御装置)による運転を行うことなどに具体化されている。

日本の新幹線が、一九六四年の開業以来、列車事故による乗客の死亡ゼロを続けていることは、その安全性の高さを例証するものであり、大いに誇っていい。

しかし3Sと3Cには沿線住民への影響、騒音・振動等の考慮が欠落していた。名古屋新幹線公害訴訟の一審判決(一九八〇年)は、差止め請求こそ認めなかったものの、損害賠償請求を認め「新幹線はその計画から建設決定に至る過程を通じ、騒音・振動の防止についての調査、研究が行われ、あるいは審議がされたことはなく、騒音・振動防止の視点が欠落していた」(『判例時報』九七六号、四一〇頁)と断罪している。

島はこの判決をどう受け止めただろうか。私は当時、同氏にインタビューを申し込んだが、高齢を理由に受け入れてもらえなかった。島秀雄(一九〇一―九八年)は、東海道新幹線建設の功によって一九六九年に文化功労者に選ばれ、九四年に鉄道関係者としては初めて文化勲章を受章している。蒸気機関の発明者にちなむイギリスのジェイムズ・ワット国際賞も、六九年に日本人として初めて受賞している。管見の限りでは、日経新聞の「私の履歴書」をはじめとする島自身の回顧的な文章の中で、新幹線の建設にあたって、騒音・振動防止の視点が欠落していたかどうかについて言及しているものは確認できなかった。

朝日・読売・毎日の三紙を「島秀雄＋東海道新幹線」でウェブ検索すると八一件の記事が出てくる（一九八七年以降の記事が対象。二〇二一年三月一〇日現在）。「島秀雄＋東海道新幹線＋騒音」では四件になる。これらはいずれも、島秀雄の業績と人物を礼賛するのみで、島の設計思想に騒音・振動防止の視点が欠落していたのではないかと問題提起している記事は一件もない。

島秀雄らの設計思想そのものに根本的な欠落があったのではないかと提起しているのは、筆者らの『新幹線公害』第一章のみである（長谷川・船橋 一九八五、九頁）。

時速二一〇キロの高速走行が、沿線の住環境にどのような影響をもたらすのか、騒音や振動の大きさはどの程度か、これらは検討すべき課題としてほとんど意識されていなかった。島秀雄ら国鉄技術陣は新幹線の騒音・振動はほぼ在来線並みであると根拠もなく楽観視し、沿線への影響を意識した騒音・振動の本格的測定を開業前に行っていなかった。公害防止の技術開発努力が本格的に開始されるのは、開業から八年後、新幹線公害反対の住民運動が組織化され、新幹線公害が社会問題化したのを受けて、一九七二年八月に新幹線騒音振動防止技術委員会がおかれて以後のことである。

「新幹線の生みの親」と讃えられてきた島秀雄本人は、この事実をどのように受け止めていたのだろうか。また島を礼賛してきた新聞記者やジャーナリストは、この問題をどの程度考慮してきたのだろうか。

†「社会問題研究会」

船橋晴俊、梶田孝道らの呼びかけで一九七七年に生まれた社会問題研究会は、当初から、マートンが「中範囲の理論」として推奨するように、現実の社会問題の観察をもとに作業仮説をつくり、作業仮説をもとにより一般性のある中範囲の命題をつくり、それを踏まえてさらに一般性のある理論化をめざすことを意図していた。

当時の地域社会学的な社会問題研究には、細かな実証的記述のあとに突然マルクスの『資本論』や『経済学批判』のある命題がとってつけたように外挿されてくるようなスタイルのものが目立った。住民運動や地域社会の現実は、あたかもマルクスの理論の正しさを裏づけるための材料のように扱われていた。それではいけないというのが私たちの問題意識だった。

他方、社会システム論的な社会変動論もまた、抽象的すぎて、現実分析には遠かった。借り物の理論を外側からあてはめるのではない「日本社会の現実に立脚した自生的・内発的な理論形成」こそが課題だという問題意識を私たちは共有していた（船橋 二〇一〇、一九二頁）。

社会問題研究会の前身は、二人が作っていた「財政問題研究会」だった。テクノクラートの思考様式を分析したいという問題意識から、当時の大蔵官僚にインタビューを行っていた。今日のオーラル・ヒストリーの走りと言ってもいい。その成果は、梶田（一九七八）にまとめられている。「財政問題研究会」を改称して「社会問題研究会」となった経緯は、私には詳らかではない。法学部出身の政治学者や行政学者の場合には、同窓生であるなどのアクセス・ルートがあるが、文学部出身の社会学者にとっては、対象となる官僚へのアクセスそのものが難題だ、と当時聞いた記憶がある。また社会問題は市民や住民の側に顕在化する。テクノクラート側の政策決定過程とともに、その政策決定によって影響を被る側の市民や住民に力点を置いた分析もすべきだ。この二つが理由だったろう。

†原子力船むつ

研究会当初はルポルタージュ的なものや住民運動の記録などを読むことから始めた。鹿島コンビナート建設問題や大阪空港公害問題なども取り上げたが、とくに印象的なのは原子力船むつの問題である（中村　一九七七ほか）。原子力船むつは一九七四年九月に周辺漁民の反対を押し切って、むつ市の大湊港を強行出発、尻屋崎沖の太平洋上で出力上昇試験を行ったが、原子炉の出力をわずか二パーセント上げた段階で放射線漏れ事故を起こしてしまった。事故の原因は、原子炉格納容器の遮蔽の設計ミスと工事施工ミスというお粗末なものだった。ホタテ養殖のさかんな陸奥湾内の放射能汚染を怖れる漁民の強い反対で、むつは五〇日間帰港できず、太平洋上を漂流するという事件が起こった。

この事故を契機として、むつの母港は、紆余曲折を経て、陸奥湾側の大湊港から、一九八八年海峡側の関根浜に移された。

研究会でこの問題を取り上げた一九七七年当時は、長崎県佐世保港での修理が決まった段階だった。

原子力船むつの母港は一九六六年当初横浜市が想定されていたが、安全性などを危惧して横浜市が拒否し、むつ市大湊が引き受けることになった。

青森県と原子力施設との関係は、一九六七年一一月に青森県とむつ市が原子力船むつの母港を受け入れたことに始まった。原子力船むつをめぐってはトラブルや難題が相次いだが、青森県は、他地域が拒否する原子力施設を下北半島に受け入れ、開発の起爆剤にしよう、国から財政支援などさまざまな譲歩を引き出す「打ち出の小槌」として利用しようとしてきた。

今日に至る核燃料サイクル施設問題の原点および原形は、原子力船むつの母港問題にあったのである。

一九七七年時点では予見していなかったが、私たちが、一九八〇年代後半から核燃料サイクル施設問題に関心をもつきっかけになったのも、原子力船むつをめぐる問題だったといえる。

✝東北・上越新幹線建設反対運動

私が高校に入学した一九七〇年は「公害国会」が開かれ、公害関係の法律がようやく整備され始めた年だった。環境庁（現・環境省）は翌年発足。山形県の農村部で育ったために、公害問題はそれほど身近な問題ではなかったが、私の中高生時代は、公害の二文字が、新聞紙面を連日賑わせていた。大学に入学した一九七三年は光化学スモッグのピークの年でもある。東京生まれの女子学生が、光化学スモッグの頻発する東京で育った自分たちは、健康な子どもなんて産めるんだろうかと、真顔で憂えていたのを覚えている。

一九七九年、筑波大の院生だった畠中宗一《はたなかむねかず》が、修論で取り組んだ東北・上越新幹線建設問題を一緒に研究したいと社会問題研究会に持ち込んできた。沿線の予定地にあたる埼玉県の大宮・与野・浦和（以上三市が現在のさいたま市）・戸田市、東京北区では、騒音・振動被害を恐れて、また立ち退きに反対して、建設反対運動が活発だった。とくに与野・浦和・戸田の住民運動団体は「三市連」の略称で呼ばれ、一九七七年九月には、四五〇〇人が県庁にデモ行進するほどの勢いだった。現在埼京線と呼ばれる通勤新線の併設が具体化するにつれて、白紙撤回派と条件闘争派に運動が分裂し始める時期でもあった。一九八二年の大宮駅暫定開業も迫っていた。

埼京線は、大宮駅から赤羽・池袋・新宿駅を通り大崎駅に至るＪＲ東日本の路線である。赤羽駅までは、東北・上越新幹線と併設している。埼玉県南の通勤客を新宿・池袋方面に運ぶのに、また新宿・池袋方面から、大宮駅乗り換えで東北・上越新幹線に乗るのに便利である。

埼京線はなぜこういう路線を取っているのか。埼京線がなぜ建設されることになったのか。

大宮方面から上野・東京方面に向かう路線は、かつては東北線と京浜東北線しかなかった。高度経済成長下での人口集中、首都圏の空間的拡大によって、埼玉県の通勤・通学客の混雑は年々深刻化していた。深刻さを物語るのが、一九七三年三月一三日（火）、高崎

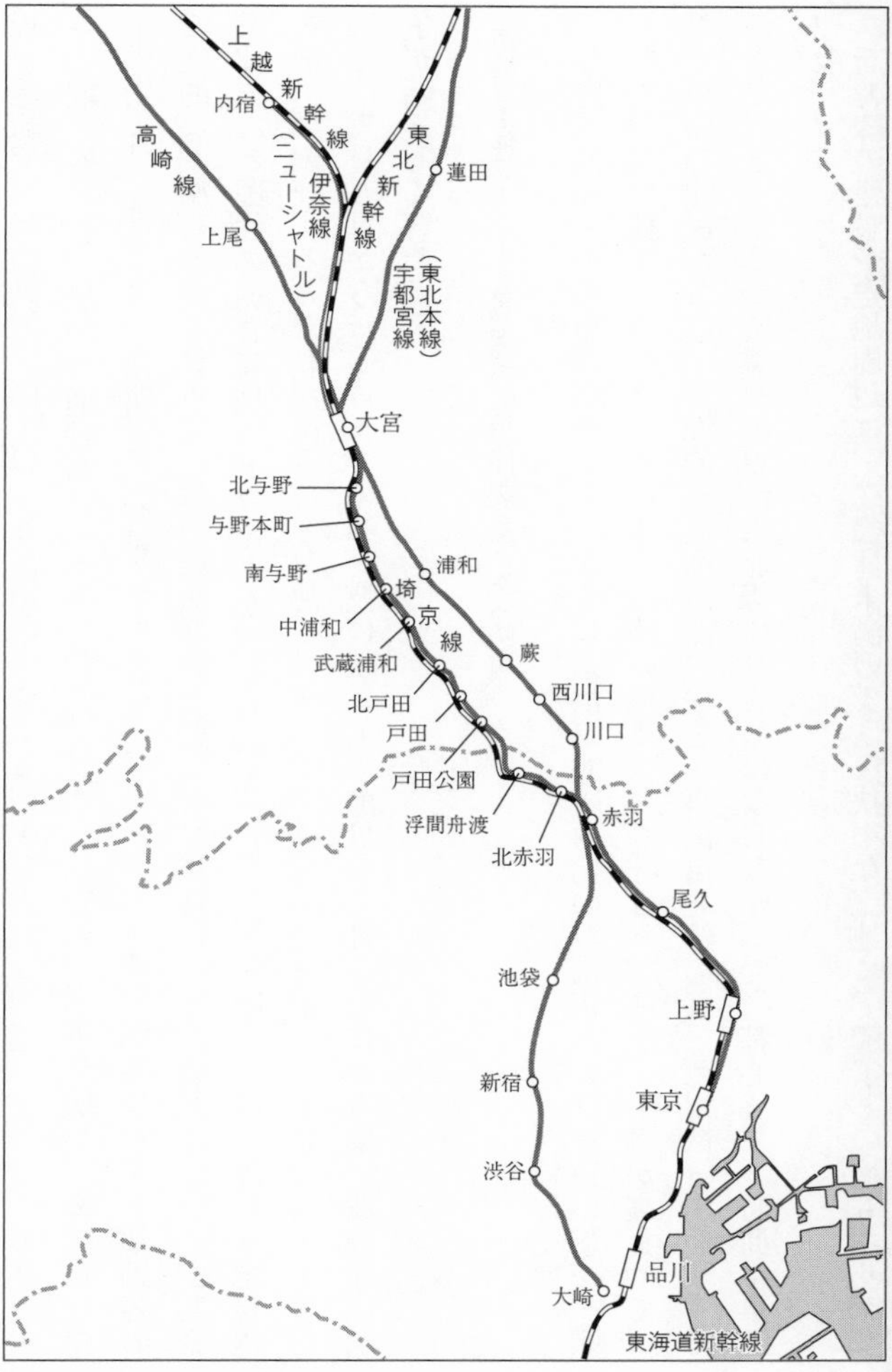

図２－２　埼京線と周辺路線

線上尾駅で当時の動労・国労の「順法闘争」による列車の大幅な遅延によってこの朝ホームに取り残され、怒った通勤客六〇〇〇人が投石などで駅舎・電車を壊し、暴徒化した「上尾事件」である。この事件の背景にあったのは、ラッシュ時の混雑に対する通勤客の慢性的な不満だった。日本で一般市民が暴動を起こした事件は、きわめて珍しい。公共企業体である国鉄の組合員はストライキを禁じられていた。「順法闘争」は、運転安全規程を厳格に遵守すると遅れが出ることを逆手にとって国鉄の組合員が行っていた闘争手段だった。三月五日から一〇日までの第一波に続いて、前日の三月一二日から第二波の順法闘争が始まっていた。

†革新自治体ブーム——首都圏内の地域間格差と生活防衛

与野・浦和・戸田市のなかでも、とくに京浜東北線西側の戸田市内には鉄道の駅が一駅もなく、在来線までのアクセスが悪く「陸の孤島」とも呼ばれ、住民の不満が高まっていた。戸田の住民たちは、慢性的な交通渋滞の中を、京浜東北線の蕨《わらび》・西川口・川口駅までバスで行き、そこから満員の京浜東北線に乗らねばならなかった。都心まで一時間半以上かかった。

新幹線の建設予定地周辺は、二〇坪未満のような狭小な土地に、隣家との境もギリギリのマッチ箱のような建売住宅が並んでいた。池袋周辺の木賃アパートを脱出して、ようやくもとめたマイホームということだった。新幹線が開通すれば、騒音被害を被るばかりで、何らメリットもない。マイホームを守りたい、生活基盤を守りたいという危機感から、予定地周辺の住民たちは、新幹線建設反対運動に結集した。地付き層（旧住民層）には、大規模土地所有者を中心に資産保全上の不安感、不利益感が強かった。

しかも一九七一年一一月にはじまった国鉄側による説明会はきわめて一方的なものだった。事実上「工事のための測量通告」的なものであり、参加した住民は「寝耳に水だ。まったく住民を馬鹿にしている」と激怒した。説明会は、模造紙一枚分の略図によりルートを説明したのちに、事業用地幅しか買収しないこと、新幹線騒音・振動等による被害補償はしないこと、測量のための杭打ちなどをただちに実施することなどを、国鉄の工事責任者が一方的に通告する内容だった（長谷川ほか 一九八八、五一頁）。

名古屋市沿線をはじめとする東海道新幹線沿線各地から騒音・振動被害をめぐる深刻な実情が届けられ、公害対策や用地買収をめぐる東海道・山陽新幹線沿線住民の国鉄に対する不信感が伝えられていた。

東北新幹線の移転対象家屋は、盛岡―大宮間（四六五キロ）では約二〇〇〇戸だったが、路線全体の六パーセントを占めるに過ぎない大宮―東京間（三一キロ）でも、移転対象家屋は約二〇〇〇戸にのぼっていた。首都圏の人口密集地を新幹線が高架で通過すること自体、きわめて複雑な利害調整と合意形成のための周到な努力とを必要とする。国鉄側はそのような配慮をまったく欠いたまま、上から一方的に建設を計画し、沿線住民に押しつけようとしていた。

埼玉県中央部・南部の沿線自治体にとっても、新幹線の通過は、首都圏の新興住宅地として今後急速な発展が予想されるにもかかわらず、沿線の地域社会を分断し、都市計画を混乱させ、街づくりを阻害する要因だった。

運動の高揚の社会的背景には、一九六〇年代後半以降の公害問題への社会的関心の高まりがあり、東北・上越新幹線に代表される新全総の大規模開発プロジェクトがもたらす地域社会の改変、生活環境の激変に対する生活防衛意識の全国的な高まりがあった。

地域的背景は、社会資本の整備等をめぐる首都圏内の地域間格差と、埼玉県の新幹線沿線予定地住民がもつ自分たちの生活環境への不満だった。人口の急増に対して社会資本の整備が追いつかず、上下水道、生活道路や通勤・通学のアクセスなどに関して地域社会の立遅れは目立っていた。一九六〇年代後半から一九七九年の統一地方選での敗北までの、美濃部亮吉都政（一九六七―七九年）などの革新自治体ブームを支えたのは、首都圏の新住民層の生活環境への不満だった。この地域格差と不満が、新幹線建設反対運動の高揚を規定した時代的・地域的背景だった。

一九七二年七月の埼玉県知事選挙では新幹線問題が選挙の争点の一つとなり、新全総に反対し、新幹線計画に批判的な、革新系の畑和《はたやわら》が自民党公認候補をおさえて初当選した。知事になるまで、畑は社会党籍を持つ、四期連続当選の衆院議員だった。

美濃部亮吉らは、高度経済成長を背景とした佐藤栄作長期政権（一九六四—七二年）に対して、「ストップ・ザ・サトウ」をスローガンに、革新系知事による首都圏包囲網をつくって対抗しようとしていた。当時、革新自治体を支えていた日本社会党と日本共産党との間には軋轢《あつれき》や緊張があったものの、革新自治体を広げていくことで、中央政界の政権交代を実現しようという具体的な戦略があった。国民の側にも、政権交代への期待感があった。安倍晋三長期政権（二〇一二—二〇年）に対して、野党側が効果的な手だてを失っていた現代の政治状況と大きく異なる点である。

†条件闘争への転換

一九七六年六月、無投票で再選されると、畑知事は、国鉄側と反対運動側との膠着《こうちゃく》状態を打開するために条件つき受け入れを表明、⑴スピードダウン、⑵大宮駅全列車停車、⑶大宮—赤羽間の通勤新線併設、⑷伊奈町への新交通システムの導入という受け入れ四条件を提示した。畑知事は、一期目は革新系知事を自認していたが、二期目以降は「新・現実主義」を掲げ、地方自治に保守も革新もないという立場をとるようになった。一九九二年まで、連続五期埼玉県知事を務めた。一九七三年のオイルショックを経て、日本経済は安定成長へ移行し、政策選択の幅が縮まったことから、地方の首長選挙では、保革対決型から保守・中道型ないし保革相乗り型へという転換が起こっていた。保革相乗り型に転換した畑和は一九七九年には社会党籍も離脱した。

畑知事の二期目以降の現実主義的な政策の例証が、新幹線受け入れ四条件である。新幹線受け入れは県知事主導で進められた点に大きな特色がある。

この四条件はいずれも実現し、現在まで維持されている。新幹線の大宮―東京間は、カーブがきついという線路の形状を理由に開業以来一一〇キロ以下で走行してきた（二〇二一年三月一三日から一三〇キロ以下に引き上げられた）。大宮―東京間三一キロの走行に現在二一分を要しているのはそのためである。

新幹線の高架に二車線を増やし、大宮―赤羽間に併設した通勤新線が、現在の埼京線である。当時の国鉄は赤字経営が慢性化し年々深刻化していたために、採算が危ぶまれる新線の建設に国鉄は消極的だとみられており、自治体側も住民側も、その実現可能性に懐疑的だった。畑知事の四条件提示は、通勤新線の実現可能性を確実なものとし、紛争の膠着状況を打開する妙手だった。一九七六年六月の知事発言を受けて、七七年九月、国鉄総裁は通勤新線の併設を確約した。

一九七一年一一月に始まった東北・上越新幹線の建設工事は着々と南に延びてきており、七五年五月には大宮市内での測量も始まっていた。

通勤新線の実現によって埼玉県内には八駅が新設された（図2－2参照）。沿線の地域社会にとって、通過線は騒音源であり、「迷惑施設」的なものだが、停車駅が設置されるとなれば、事態は一変する。新幹線は通勤新線の併設によって、「迷惑施設」から、都市再開発の契機となる「受益施設」へと意味転換を遂げたのである。首都圏中心部への通勤時間が大幅に短縮する沿線の住民にとっては、「陸の孤島」から、都心まで一時間弱の「駅前居住者」に変わることを意味する。通勤新線は資産価値の上昇をもたらす。沿線の市当局にとっては、新駅周辺に懸案の中心市街地の形成が期待できる。

埼玉県伊奈町は大宮の西北の町だが、同町内で分岐する上越新幹線と東北新幹線の高架橋によってYの字型に町が三分割されるために、計画発表直後から、町・町議会とも絶対反対だった。なお伊奈町という町名は、江戸初期、荒川・利根川の付け替え事業などに大きな貢献のあった伊奈忠次の居城が町内にあったことに由来する。伊奈町内宿駅から大宮駅までの一二・九キロには第三セクターが運営する伊奈線（ニューシャトル）が併設されることになった。一九七六年六月の知事発言を受けて、その二週間後、伊奈町長は、いちはやく条件闘争への戦術転換を表明した。

埼玉県南の反対運動の強みは、県・市・議会・住民ぐるみの反対運動だったことにあった。しかし県知事主導の条件闘争への転換によって、県議会、各市、各市議会ともなだれをうって条件闘争に移行していった。条件つき受け入れをめざす知事に対して住民運動側は有効な対抗策をもたず、受け入れをめぐる姿勢の相違、利害の相違が顕在化していくばかりだった。

詳細は「東北・上越新幹線の建設と地域紛争」(長谷川ほか 一九八八)、「建設計画の決定・実施過程と住民運動」(舩橋 一九八八a)に記したが、運動がどう分裂していくのかを同時進行で観察し調査をするのは、はらはらドキドキさせられ、重苦しくもあり、一面でとてもドラマチックだった。どのように筋を通すのか、リーダーとしてどのように選択すべきか。方向転換が避けがたいものとなったとき、どのようなタイミングで、どのように運動体の内部で合意をつくり方向転換を図るのか。小説よりも、事実の方がずっと一筋縄ではいかずに、面白いのだということもよくわかった。

威勢のいいセリフを言う人や自己主張しすぎる人は早めに離脱するということも、印象的だった。粘り強く、誠実であり続けることの難しさも痛感させられた。

新幹線問題の先例として、一九六四年に開通した東海道新幹線の名古屋地区での騒音・振動被害があった。一九七三年からスピードダウンを求める差止め訴訟が始まっていた。八〇年九月に一審の判決が出て、損害賠償請求は認めたものの、差止め請求は退けられた。八一年六月に開かれた二審の第一回口頭弁論を傍聴。以来、私たちは夏休みや冬休みのたびに法政大学の舩橋ゼミの学生とともに、現地調査を行った。蒸し暑い炎天下の名古屋の沿線を、ひっきりなしに新幹線が通るたびに騒音・振動の苦痛を体感しながら黙々と住民のお宅を訪問し、聴き取り調査を行った。

東京方面から名古屋に向かう下り列車を例に説明すると、新幹線の名古屋駅手前約一一キロから、減速を始める約四キロ付近までの「七キロ区間」は、住宅密集地であるために、とくに被害が深刻だった。東海道新幹線は戦前の弾丸列車計画を下敷きにしていた。中国大陸に兵員・物資を効率的に送り込むために、東京から下関まで、広軌の線路を蒸気機関車が走り、船で玄界灘を渡り、釜山からは鉄路を利用し、南満州鉄道を使う壮大な計画である。一九四〇年に建設が決定し、用地買収や工事着工が進んだが、戦況悪化のために一九四三年度に中止された。東海道新幹線沿線には、この当時用地買収済みの土地が少なくなかった。「七キロ区間」は、戦前はほとんど農地だったが、一九六〇年代はじめには住宅密集地となっていた。「七キロ区間」では、新幹線の高架橋は既成市街地を斜めに分断している。しかも国鉄は、高架橋の部分しか用地買収を行わなかったから、もっともひどい場所では軒先を突っ切るように新幹線が通過した（第二章章扉写真）。

原告らは、この区間が東海道新幹線沿線随一の住宅密集地であることを理由に、時速一一〇キロから七〇キロ程度への減速を求めていた。一一〇キロに減速した場合の遅れは約二分程度。七〇キロに減速した場合の遅れは下りで約六分、上りで約四分。減速というかたちでの差止めが認められるかどうかが裁判および運動の焦点だった。結局一、二審とも減速は認めず、国鉄の分割民営化を目前にした一九八六年、原告と被告は、現状非悪化や和解金の支払いなどを条件に和解した。

新幹線騒音の深刻さは、一〇〇ホンを超える（上記の和解協定以降は七五ホン以下とすることになっている）騒音が、朝の六時半頃から夜の一二時半頃まで、新幹線が通るたびに、平均五分に一回以上の割合で繰り返されることにある。新幹線の運行には休みがない。一九六四年一〇月一日の開業以来、調査時点で一六年以上にわたって騒音・振動が繰り返されてきた。船橋と私たちは、沿線の家屋の二階で、騒音測定も行った。

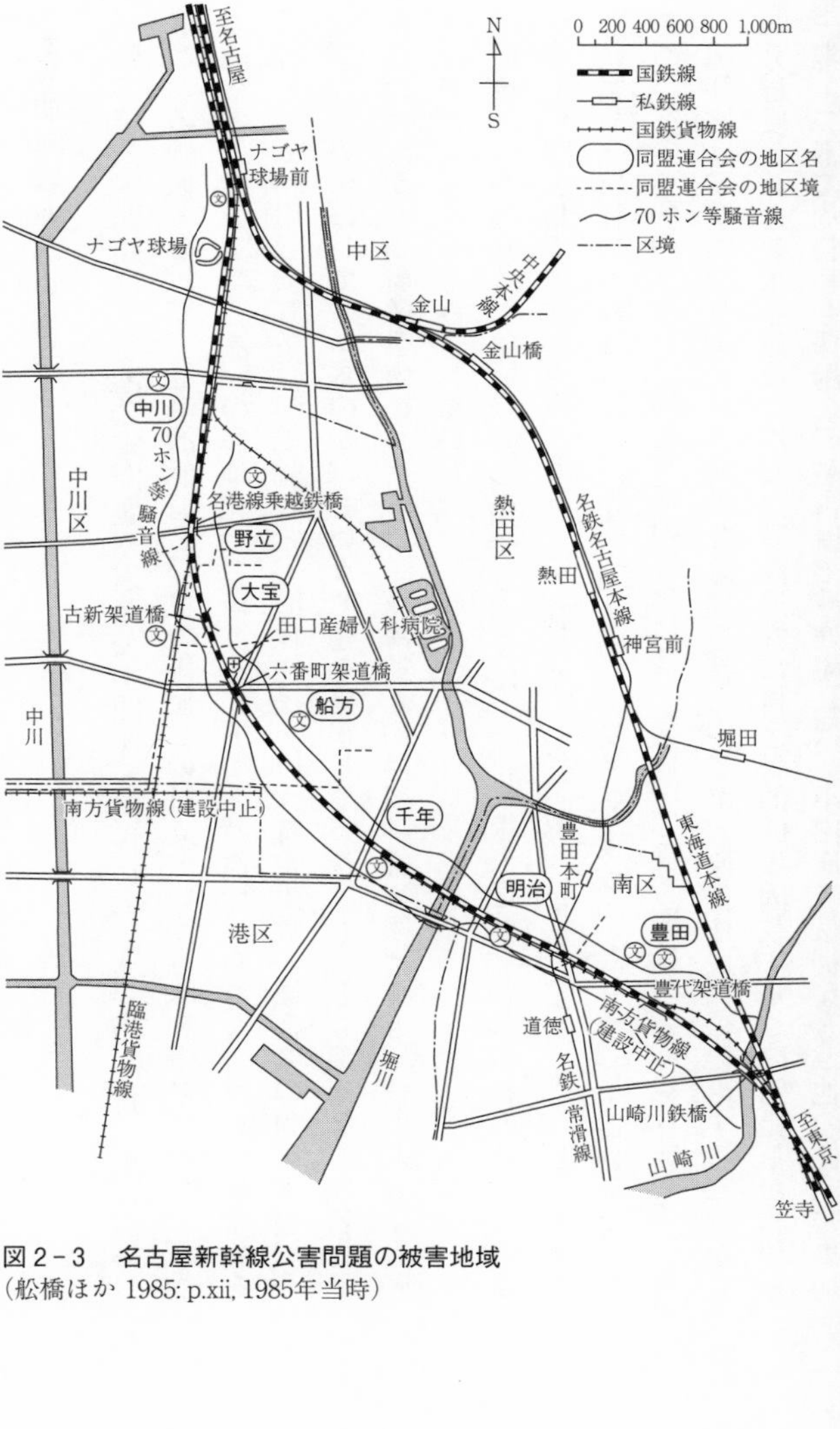

図2－3　名古屋新幹線公害問題の被害地域
（船橋ほか 1985: p.xii, 1985年当時）

†高速文明対「静かさ」の価値

新幹線公害問題は、空港公害問題や道路公害問題と同様に「高速文明」対「生活の質」、静かさの価値との対立、経済的価値と環境の価値との対立という意味を帯びていた。「「受益圏」の拡大と「受苦圏」の局地化」（梶田 一九七九）と特徴づけられたように、新幹線を乗客として利用しうる多数の受益者と、沿線住民という特定少数の被害者の利害調整、合意形成をいかにしてはかるのか、という問題を提起していた。もっとも深刻なのは名古屋地区だったが、新幹線公害の被害者は、東海道・山陽新幹線に限っても、一九八五年当時、一三万戸を越えるとみられていた。

舩橋（一九八五a、六四頁）が指摘するように、「新幹線公害は、われわれの社会の「豊かさ」が内包している〈歪み〉あるいは〈貧しさ〉を象徴的に提示している」。しかも受益圏に属する新幹線の乗客には、沿線住民が集中的に連日連夜被っている騒音・振動被害（受苦圏）は不可視的である。高速交通の場合には、受益圏と受苦圏は典型的に分離している。

国鉄側は、全線波及論という奇妙な論理を持ち出して、原告住民側の要求する二分から四分程度の減速要求を頑なに拒んだ。高速性に自己目的的に固執するこの倒錯した論理を一審・二審の裁判官も採用し、名古屋で減速すれば、小田原・京都など、他の住宅密集地から減速要求が出た場合には一律に減速せねばならず、「本件七キロ区間のみの減速、列車の遅延にとどまらなくなることは必定である」（一審の可知《かち》鴻平《こうへい》裁判長の判断、『判例時報』九七六号、三八二頁）として、原告側の差止め請求を退けた。

名古屋新幹線公害訴訟では、被告の国鉄側は新幹線には「公共性」があり、原告らは騒音・振動を受忍すべきだと主張した。国鉄のいう「公共性」は、第一に、高速走行にともなう時間短縮効果などがもたらす広範な社会的有用性であり、第二に、公的な事業主体が（民営化される前の国鉄は公社という公共企業体だった）、国策にもとづいて運営を行っている点である。

しかしこのような「公共性」の主張は一面的であり、国鉄側の社会的責任を免罪するわけではない。あるべき〈公共性〉は、広範な社会的有用性の提供に加えて、(1)受苦の回避・防止努力もしくは補償努力を伴うものでなければならない。(2)とくに、沿線住民・周辺住民などの基本的人権を侵害するようなものであってはならない。(3)事業の実施過程や施設の建設過程における民主的な手続きと社会的合意が不可欠である（舩橋 一九八五b）。

宮本憲一（一九八二）などを参考に、このようにあるべき〈公共性〉をとらえると、原子力発電所や石炭火力発電所、核燃料サイクル施設などの原子力施設にも求められる規範的要件であることがわかってくる。

†環境問題研究の原点

名古屋新幹線公害問題と東北・上越新幹線建設問題の研究をとおして、⑴日本政府や国鉄、また裁判所がいかに公害問題に鈍感で冷淡かということ、⑵政府や国鉄の対応は基本的に技術的な対策が主で、社会的な合意形成をいかにはかるべきかに関する問題意識が非常に乏しいこと、⑶裁判所に予防原則的な視点が乏しく差止め判決に消極的なこと、⑷国策である新幹線に関する県や市の権限がきわめて限られていること、⑸問題を前進させてきたのは、住民運動の力であり、協力を惜しまない弁護士や研究者の役割も大きいこと、などを学んだ。長期にわたって住民運動を継続することの難しさ、裁判闘争の難しさも痛感した。これらは、原発問題や核燃料サイクル問題にも共通する日本社会の大きな問題点であり、ひずみである。

新幹線公害問題は、私にとって、環境問題研究の原点となった。

†自ら原告団長に——人生の点と点

二〇一六年夏から「仙台港の石炭火力発電所建設問題を考える会」をつくり、石炭火力発電所建設反対運動を進めてきたが、操業開始が迫った二〇一七年夏、原告団を組織して、差止め訴訟を提起することになり、原告団団長に推された。東日本大震災の津波被災地・仙台港に大気汚染や大量の二酸化炭素を排出する石炭火力発電所を建設することは、道義的に許しがたいことである。院生時代に新幹線公害裁判を社会学的に研究し始めてから三六年後、今度は、自らが一二四名からなる原告団を率いることになった。スティーブ・ジョブズの二〇〇五年六月のスタンフォード大学卒業式での有名なスピーチではないが、こうやって人生の点と点がつながるのか、と感慨を新たにした。

二〇二〇年一〇月、この裁判の仙台地裁判決は原告側の差止め請求こそ退けたが、判決理由の中で、裁判官は、被告仙台パワーステーション株式会社（関西電力と伊藤忠商事のグループ企業である）は、「本件発電所の運転を継続する限り、本件協定（引用者注・地元自治体との公害防止協定を指す）に基づき、地域住民に対する環境コミュニケーションを積極的に推進する義務を負い続ける」こと、および「環境汚染による地域住民の不安を解消するよう努める社会的責任を負うものであることを」最後に指摘している。

提訴までの準備期間および三年あまりの裁判の中で、原告に対する地域住民の支持をいかに確保すべきか、原告団と弁護団の意思疎通をいかにはかるのか、原告内部の意見の相違をいかに調整するのかなど、大宮以南の東北・上越新幹線建設予定地周辺および名古屋の沿線での、三十数年前の聴き取りの経験が期せずして役立つことになった。

創刊五〇年を越える季刊『環境と公害』には、宮本憲一、淡路剛久、寺西俊一などすぐれた環境研究者が結集している。私も一九九七年から編集同人を務めている。裁判に証人などとして積極的に関わってこられた方は多いが、自ら集団訴訟の原告団長となったのは、私が初めてである。

†新幹線公害問題のその後

名古屋新幹線公害問題の根本原因は、新幹線の騒音・振動は在来線並みだとして、国鉄（現在のJR東海）が事前の騒音・振動対策をほとんど取らなかったことにある。とくに何ら対策の取られていない開通当時の鉄橋周辺の騒音・振動被害は激甚だった。

東北新幹線は一九八二年六月に大宮—盛岡間が暫定開業、上越新幹線はトンネル工事の難航により同年一一月に開業、八五年三月に上野—大宮間が開業した。同年九月に埼京線が開業する。八七年四月、国鉄は分割・民営化され、JR各社となった。国鉄財政の悪化なども一因となり、東京—上野間が開業し、当初の計画どおり東京—盛岡間が乗り換えなしで結ばれたのは、一九九一年六月のことである。東海道・山陽新幹線はともに、ほぼ所期の計画どおり、着工から五年で開業している。東北・上越新幹線も当初は、一九七一年一一月の着工から五年の工事で、一九七七年に開業予定だった。しかし前述のように、新幹線公害による生活環境の悪化を怖れる沿線住民の激しい反対運動、沿線自治体の抵抗によって、開業は大幅に遅延し、全線開業に二〇年近くを要している。生活環境についての住民意識の変化や社会的合意を甘くみたツケでもある。

一九八四年一〇月から東北大学に着任し、仙台に移り住むようになった私は、それ以来、ほぼ月に三回ぐらいの割合で新幹線で東京との間を往復している。最初の頃は、逆L字型防音壁など、どのような形状の防音壁がどういう場所に設置されているのか、この防音壁は最近増設されたな、などと、窓外をじっと見つめ続けていたものである。

東海道新幹線の公害問題を教訓に、東北新幹線では高架橋も段違いにしっかりした構造になり、走行時の揺れも少なくなった。鉄橋の騒音対策も徹底しているから、乗客は、いつ荒川を渡ったのか、利根川を渡ったのか、とくに夜の列車に乗っている際にはまったくわからない。

最近の新幹線の先頭車両は、カモノハシのくちばしのように平らで長い鼻の形をしている。空気抵抗を抑えるとともに、騒音対策でもある。パンタグラフの数が減っているのも、架線とパンタグラフのスパーク音を減らす騒音対策だ。

日本のメディアがひどく忘れっぽいこともあって、新幹線公害問題は、その後長い間ほとんど忘れられた感があった。二〇一四年の新幹線開業五〇周年の関連記事では、新幹線を賞賛する「ちょうちん記事」ばかりで、騒音公害に触れる記事を目にすることは、地元の中日新聞を含め、残念ながらなかった。

しかし名古屋新幹線公害問題も完全に解決したわけではない。二審判決後、一九八六年四月、原告側は、民営化を目前にした当時の国鉄と和解し、和解内容は、東海道新幹線の運行業務を引き継いだJR東海が継承している。和解協定では騒音・振動等の「現状非悪化」が約束され、JR東海もパンタグラフの改良や車両の軽量化に努めている。名古屋新幹線公害問題の現状を継続的に調査している名古屋大学の青木聡子《そうこ》によれば、最高時速二七〇キロへの高速化にともなって、現状非悪化の約束は守られておらず、騒音の環境基準、商工業地域の七五デシベル（一九九二年の計量法の改正以降、ホンに代わってデシベルが用いられるようになった。七五ホンと七五デシベルは同じ量である）は下回るものの、住宅地域の環境基準七〇デシベルを超える場合が少なくない。振動についても緊急指針値七〇デシベルは下回るものの、商工業地域における工場等の規制基準六五デシベルを下回らせることは困難だとJR東海も認めているという。振動対策のための技術開発は進んでいない。

新幹線の騒音については、「間欠的である」ことを理由に、工場や道路など一般の騒音に関する環境基準（住宅地域で昼間五五デシベル以下・夜間四五デシベル以下など）よりも、ずいぶんゆるめに設定されている。新幹線の振動については、一九七六年以来、緊急指針値のままである。

名古屋新幹線公害訴訟の提訴（一九七四年）を契機に、一九七六年から、高架から二〇メートル以内に居住し、希望する住民を対象に、移転補償が本格的に実施されるようになった。Google Map の航空写真でもわかるが、七キロ区間の沿線は、虫食い的に移転跡地が目立つ。七キロ区間内の移転跡地は一一〇か所、計二万七〇〇〇平米にものぼる。四十数年が経過したにもかかわらず、その三分の二は、狭小で不定形なこともあって空き地のままであり、雑草が生い茂る「荒れた土地」として点在している（青木 二〇二〇、七一頁）。

†リニア中央新幹線の環境問題

長年忘れられた感の強かった新幹線公害問題だが、二〇一四年一〇月に工事実施計画が認可され、東京―名古屋間（二八六キロメートル）で建設工事が進むリニア中央新幹線に関して、さまざまな環境問題が指摘され、建設認可の取り消しを求める行政訴訟が起きている（二〇一六年五月提訴）。山梨県南アルプス市の沿線住民による工事差止めを求める民事訴訟（二〇一九年五月提訴）、静岡県の利水者などによる工事差止めを求める民事訴訟（二〇二〇年一〇月提訴）も始まっている。

リニアは通称であり、磁気浮上式鉄道である。最高時速五〇五キロ。甲府市・飯田市などをとおって品川駅―名古屋駅間を四〇分で結ぶ計画だ（現在の東海道新幹線での最短所要時間は一時間二六分）。将来は新大阪駅まで延長する計画である。東海道新幹線の緊急時の代替輸送、東京―大阪間の旅客輸送力不足の解消、リニア方式による超高速鉄道の実現が目的とされ、二〇二七年開業予定だったが、静岡県知事の反対で、静岡県内の準備工事に着手できず、二〇二〇年七月、JR東海は、二〇二七年の開業延期を表明した。

地上部は約四〇キロで、残りの約二四六キロはトンネル区間だが、地上部での騒音問題、甲府盆地や南アルプスなどの景観破壊、大量の残土処理、地下水への影響などの難題がある。静岡県知事が反対しているのは、南アルプス山体内の地下水の水源がトンネルによって断ち切られるために、大井川の水量が大幅に減少し、中下流域の農工業に影響を及ぼすことが危惧されるからである。トンネル湧水の全量を大井川に戻すことをJR東海側に求め、交渉が難航している。環境影響評価もなされたが、その形骸化が批判されている。

JR東海は、技術的な課題解決のみを求め、社会的合意を軽視する態度に終始しており、東海道新幹線の公害問題の経緯から何も学習していないかのようだ（『環境と公害』四九巻二号、二〇一九、「特集① リニア新幹線事業中間評価の必要性」）。

船橋らとの共著で、名古屋新幹線公害問題については『新幹線公害』（船橋晴俊ほか 一九八五）を、東北・上越新幹線については『高速文明の地域問題』（船橋晴俊ほか 一九八八）を上梓した。前述のような受益圏－受苦圏論は、この二つの新幹線問題の研究をとおして生まれたものである。船橋も、前著を「今日では、我が国の環境社会学の源流を形成する著作の一つと評価されている」と自負していた（船橋恵子編 二〇一五、一八頁）。

この二つの研究は、法社会学者の宮澤節生から高い評価を得て、法社会学会大会でも報告の機会を得た。隣接分野の研究者からの評価はとてもうれしかった。宮澤はこの二著を取り上げ、「船橋助教授らの書物が英訳されたとすれば、たちまち世界各国の主要法社会学専門誌に書評が掲載されることであろう」と記している（宮澤 一九九四、一一八頁）。前章にも記したように、日本の社会学の国際発信の必要性を、船橋や私たちは自覚していたが、他ならぬ自分たちの研究を今すぐに英訳すべきだという問題意識は乏しかった。経済学や心理学では英語論文を発表することは常識化していたが、八〇年代後半、社会学の場合には、積極的に英語論文を発表しているモデル的な研究者は富永健一程度だった。当時国内的評価に自足していたことは痛恨の反省点だ。

この反省をふまえ、『環境運動と新しい公共圏』（長谷川 二〇〇三）はすぐに英訳版 *Constructing Civil Society in Japan*（Hasegawa 2004）を、福島原発事故の衝撃を受けて執筆した『脱原子力社会へ』（長谷川 二〇一一）も英訳版 *Beyond Fukushima*（Hasegawa 2015）を刊行した。幸い前者は、二〇〇八年日本財団による「現代日本を理解する英文図書一〇〇冊」に選ばれ、同財団から世界一一七か国九六七の図書館などに献本された。後者は、二〇一六年韓国語版も刊行された。

『マクドナルド化する社会』で著名なリッツァが編集したブラックウェル社の全一一巻の大部の社会学事典がある（Ritzer ed. 2007）。求められて、私は、同書に環境問題関係では、『新幹線公害』などの英訳の機会を失した一種の穴埋めに、"Dairy Life Pollution（生活公害）"，"High-Speed Transportation Pollution（高速交通公害）"，"Local Resident's Movements（住民運動）"，"Pollution Zones, Linear and Planar（「線の公害」と「面の公害」）"，"Social Structure of Victims（被害構造）"，"Structural Strains, Successive Transition of（構造的緊張の連鎖的転移）"の六項目を寄稿している。これらが日本の社会学的な公害研究から世界の社会学界に提起すべき財産だと思うからである。構造的緊張の連鎖的転移については第五章で、被害構造については第六章で説明する。さらにもう一つ、吉田民人の中心的な業績について"Information and Resource Processing Paradigm（情報 - 資源処理パラダイム）"を寄稿している。

第三章

社会運動をどう説明するのか

グローバル気候マーチ東京(2019年9月25日)(Fridays for Future Tokyo提供)

†一九八四年――東北大学へ

一九八三年四月、渡辺秀樹の後任として東京大学文学部社会学研究室の助手になった。もう一人の先輩助手は友枝敏雄だった。オーバードクター一年だけで助手になれたのは幸運だった。国立大学の助手は、当時は国家公務員。小学校から六・三・三・四・六年と合計二二年間もの生徒・学生という立場からようやく卒業できることになった。五五歳の親はついに仕送りから解放された。社会学研究室の助手の任期は当時五年間。五年の間に次の常勤職につければいい。

修士論文を書いてからの二〇代後半の大学院生時代、とくにオーバードクターの一年間は先行き不透明で苦しかった。マスコミなどで働く同期の友人たちは華々しく活躍しているのに、こちらはなかなか論文も書けない。まるでトンネルの中を手探りで歩いているような感覚が長く続いていた。

しかし助手になれたことで小学二年生からの念願がかなって、職業的研究者として一生やっていけることになった。光明が射してきた。自分自身へのお祝いに、三月のお水取りにあわせて奈良に一人旅をした。唐招提寺などをめぐって感涙した。『一九八四年』はジョージ・オーウェルの有名な小説のタイトルだが、私にとっても一九八四年は特別な年になった。

三年間ぐらいは助手を続ける覚悟でいたが、一月下旬に宮島喬の仲介で、東北大学教養部の森博から東北大学への誘いがあった。森博・細谷昂《たかし》と学士会館で面談をした。実質的に面接試験だったようだ。幸い一〇月一日付で採用してもらえることになった。

東北大学は子どもの頃からの憧れだった。東北人であることは、アイデンティティの中心でもある。東北出身の若者を、また東北地方に憧れてやってきた若者を鍛えあげよう。めぼしい業績は『社会学評論』に載った「ダイアド関係と紛争過程」(一九八三年)という論文一本しかなかった。よく採用してくださったと森・細谷両教授には今も感謝している。お二人の期待に応えなければと自戒しつつ奮闘してきたその後の三七年だ。

一九八五年に共著の『新幹線公害』が刊行され、『思想』の一一月号「特集・新しい社会運動」に「社会運動の政治社会学」(長谷川 一九八五)が掲載されて、ようやく業績らしい業績をもつようになった。『思想』「特集・新しい社会運動」は、一九八七年三月に高橋徹が東大を定年で退職することを意識して準備された特集号だった。『思想』では、社会運動の特集号はそれ以降もないのではないか。

資源動員論を本格的に日本に紹介した「社会運動の政治社会学」はすぐに梶田孝道が誉めてくれた。韓国語訳の海賊版もつくられ、韓国でもよく読まれたという。八〇年代後半に韓国の社会学者との交流が始まると、あなたの『思想』の論文を韓国語訳で勉強しましたよと、よく言われたものだ。

着任した翌年、梶田が文学部に集中講義に来たことがある。最終日に近くのバス停まで送ると、バスを待ちながら、梶田は「法学部の大嶽秀夫さんが東北大の政治学を定義しているように、やがて君が東北大の社会学を定義するんだよ」と励ましてくれた。梶田は三八歳、私は三〇歳。この言葉をずっと肝に銘じてきた。「定義する」という言葉を梶田は独特のフランス語的なニュアンスを込めて、好んで使っていた。

教養部には七年半勤務した。私は一年生向けの入門的な講義が好きだった。一生に一度しか社会学の講義を聴かないだろう学生たちに、いかに魅力的に社会学を語るのか。一九八九年に開通した仙台市地下鉄南北線の沿線住民への影響調査を行うなど、大内秀明をはじめとする経済学・法学・心理学の教員との共同研究も熱心に行った。

森博が一九八八年度で定年退官したあとの後任には、細谷と相談して、神奈川大学にいた吉原直樹を一九九一年度から招いた。吉原は、教養部廃止後、九三年度から文学部に移り、社会学研究室でふたたび同僚となった。

†文学部へ

一九九一年秋、文学部の社会学研究室の佐藤勉教授から、助教授ポストが長く空席になっている。ぜひ来てほしいという依頼があった。相談すると、細谷教授も強く薦めてくださった。こういう誘いがあったことは、教養部に来て七年余りの私の研究や教育、東北社会学会や東北社会学研究会への関わりなどが認められたことでもある。教養部の解放感・自由な雰囲気が好きだったが、教養部廃止は当時避けがたい見通しでもあり、文学部に移ることにした。

教養部の教員にとって寂しいのは、卒業生を送り出すことができず、実質的に指導することはあれ、制度上は院生を指導できないことだった。文学部の非常勤の授業を依頼されたり、当時院生だった加藤眞義（現・福島大学准教授）・高橋征仁（現・山口大学准教授）らと社会運動論の研究会は開いていたが、研究者養成に直接関われないという寂しさがあった。

一九九二年四月に着任した東北大学文学部は、一九二二年に法文学部として出発している。東大・京大に次いで、日本で三番目に歴史の古い文学部だ。社会学研究室の歴史も日本で三番目に古く、日本の社会学を代表する拠点的な研究室だ。

教員が多いせいもあって、教養部教授会は大教室で開かれていた。文学部教授会は専用の会議室で開催され、重々しい雰囲気だった。六十数人の中で、当時は、女性教員は先に教養部から移られた才田いずみ一人だった。

人事の投票は、今も入れ札だ。箱と「可」と「否」のまじった木製の駒を厳かに回す。白票を許さない仕組みだ。否は批判票の数を示す。私が在職した二七年間に一度だけ否決された人事があった。

文学部では、幸い先輩や同僚、院生・学生に恵まれ、充実した時間を過ごすことができた。指導し主査として審査した課程博士論文は九本、それぞれ中堅・若手の研究者として活躍している。毎年卒業生・修士修了生を送り出すのも、文学部の教員の歓びだ。卒業生は、放送局や新聞社、県庁・市役所、企業などで活躍している。二〇二一年二月二〇日のオンライン最終講義の折には、外務省職員の卒業生が任地のスーダンにある日本大使館からアクセスしてくれた。

現在は尚絅《しょうけい》学院大学で教鞭を執っているが、定年になるまで常勤の教員として授業を担当したのは、東北大学教養部と文学部のみ。私の履歴書はとてもシンプルだ。

最近になるほど、優秀な院生や若手研究者も、常勤職のポストを得るのに苦労している。課程博士の学位取得済みであることが前提であり、何度も何度も公募に応募することも少なくない。推薦書を書いたり、助言したり、何とか励ましはするが、先行きが見えにくい彼らが気の毒でならない。

現在、全国どこの大学院でも、とくに文科系は、研究者を志す日本人の院生志願者の確保に苦労している。将来が見通しがたいからだ。「特に教員養成系学部・大学院、人文社会科学系学部・大学院については（中略）組織見直し計画を策定し、組織の廃止や社会的要請の高い分野への転換に積極的に取り組むよう努めることとする」とした下村博文文科大臣の浅薄な通知（二〇一五年六月）は、日本の人文・社会科学に致命的な打撃を与えた（佐藤 二〇一九、吉見 二〇二〇）。社会学は比較的恵まれた方ではあるが、力のある院生を確保しづらい状況は年々どこの大学院でも深刻化している。

二〇年、三〇年後の社会学界・社会学会の行く末は、きわめて不透明だ。

教養部という存在がなければ、私が東北大学に採用されることは困難だったろう。細谷もそういう表現をしていたが、旧制高校の伝統を引く教養部はいわば「支店」的な存在であり、文学部が「本店」的な位置づけだった。実績の乏しい、しかも他大学出身の若手は、いきなり本店の文学部には採用されにくい。文学部が手堅い人事をするのに対して、教養部が大胆に、先物買い的な人事をする傾向は、当時の国立大学でほぼ共通に見られた。恩師の吉田民人も、京大時代は、教養部の助教授だった。

教養部廃止、国立大学法人化以前の「古き良き時代」だったからこそ、私は幸運なキャリアをたどることができたのである。

†資源動員論との出会い

こうして私は三〇代はじめに職業的な安定を得たが、この時期に、研究テーマの点でも、新幹線公害問題に関するフィールドワークをもとに、社会運動研究者としての自分を意識するようになった。船橋の基本的な関心は、官僚制組織の組織社会学的分析にあった。現場の担当者から理事会・総裁に至るまで、国鉄はなぜ積極的に問題解決をはかろうとしないのか。国会・政府・裁判所もまたなぜ消極的なのか。根本的な公害対策の実施はなぜ困難なのかを、事業主体および統治機構の側から船橋は説明しようとした（船橋 一九八五、Ⅳ章・Ⅴ章）。一方、私の関心は、住民運動の組織化のプロセスや運動が直面する困難、訴訟のはたす役割とその限界などをどのように説明するかにあった。

現実の住民運動のリアリティを分析するのに有効だと思われた分析枠組が、当時注目され始めた資源動員論だった。一学年下の片桐新自が、修士論文で紹介していた（片桐 一九八三）。その問題意識は、端的には、力の乏しい集団（powerless group）は力の乏しさをいかに克服して、どうやって目標達成に成功するのか、という問いにあった（Lipsky 1968）。人的・物的・関係的・情報的資源など、さまざまの資源動員に成功するからであるというのが、資源動員論の回答だった。資源はここではとても広い意味で使われており、参加者の動員を含め、有形・無形のすべてを含んでいる。

不平・不満・怒り・情念などが、異議申し立てを動機づける際の重要な要素であることは確かだが、それだけでは運動の長期にわたる継続は説明しがたい。理念や価値観も重要だが、主張の正当性がただちに運動の勝利を約束するわけではない。正しい主張をしながらも、孤立しがちな運動は多い。

恩師の一人高橋徹の関心は、ヒッピーやコミューン運動などの対抗文化（カウンターカルチャー）にあったが、私の関心は、第一章でも述べたように、制度変革、社会の構造的な変化をもたらしうるような、変革力をもつ社会運動にあった。

社会学では、マックス・ウェーバー以来、目標達成への貢献という目的合理性の側面と、価値や情動の表出という表出性の側面とをしばしば対比する。資源動員論の基本的な関心は、また私自身の主要な関心は目標達成にとっての有効性にあった。

名古屋新幹線公害反対運動も、大宮以南の新幹線建設反対運動も、運動の目的は、被害救済ないし被害防止・軽減にあった。このような目標達成をもとめて国鉄側と交渉し、自治体当局と折衝し、記者会見を行ったり、集会やデモ行進を行ってきた。最後の手段として裁判という場が選ばれた。対抗文化的な運動とは異なって、異議申し立てそれ自体に意義を見いだしているわけではない。運動が高揚するためには、自治体側の一定程度の協力、新聞・テレビなどのメディア報道、医師・弁護士・研究者などの専門家の支援が不可欠である。資源動員論は、住民運動のこうしたリアリティを説明するのにうってつけの枠組だった。

†公民権運動はなぜ成功したのか

資源動員論はそもそも、キング牧師らによる公民権運動の成功の理由を説明しよう、一九六〇年代のアメリカの学生運動やヴェトナム戦争反対運動などのリアリティを説明しようという動機から生まれた社会運動の説明枠組だった。一九七〇年代半ばに資源動員論が登場するまで、アメリカではマルクス主義の影響力が乏しかったこともあって、社会運動論という独立の研究分野はなかった。社会運動は、パニックやマス・ヒステリーなどとともに、集合行動（collective behavior）の一種として扱われ、不満や不安・情動・怒りの役割に焦点があてられ、非合理性や非日常性、情動性、暴力性が強調されてきた。それに対して、六〇年代に学生運動や反戦運動、フェミニズム運動などに自分自身が当事者として、あるいは親しい友人がかかわった人たちが研究者となり、参与観察者としての自らの経験にもとづいて理論化した枠組が資源動員論だった。

資源動員論以前は、不満や怒りが強いほど、激しい運動になりやすいという素朴な仮説が支配的だった。現在の日本のメディアでも、例えば、二〇二〇年五月のミネソタ州ミネアポリスでの白人警官による黒人圧殺事件を契機とするブラック・ライヴズ・マター（Black Lives Matter）運動（「黒人の命こそ大切」運動）の高揚を、黒人たちの不満や怒りの強さとストレートに結びつけて説明することが多い。だが、テニスの大坂なおみ選手が、二〇二〇年九月の全米選手権で犠牲者名を白抜きにした七つの黒いマスクを付けて各試合に臨んだように、白人警官による黒人圧殺事件はこれまでもしばしば起きていた。ブラック・ライヴズ・マター運動自体も、二〇一三年に始まっていた。二〇二〇年五月以降なぜ運動が急速に高揚したのかこそ、説明されるべき課題のはずだ。

図３−１　ブラック・ライヴズ・マター運動のデモ（2020年６月６日、ワシントンＤＣ）（AFP＝時事）

　白人中心主義的なトランプ大統領（当時）への反発、五か月後に迫った一一月の大統領選でそのトランプが再選されてしまうのではないかという危機感、大統領選間近であることにともなうメディアの頻繁な報道、とくに黒人の貧困層でコロナ禍の犠牲者が多いことなどが影響を与えたことは想像に難くない。

不満と抗議行動をストレートに結びつける集合行動論では、なぜそのタイミングで高揚したのかを説明することが難しい。不満のピークと抗議行動の高揚との間には、しばしば時間のずれが生じる。

孤独感や孤立感などといった心理を運動への参加と結びつける説明も行われやすい。ファシズムを支持する人々の心理を「自由からの逃走」と名づけたフロムの研究やリースマンの『孤独な群衆』などが古典的な例だ。

†バスボイコット運動の画期的勝利

一九五〇年代までのアメリカでは、とくに南部では、州法や市の条例などによって、学校や教会、バスの座席やレストラン、劇場、映画館、水飲み場など、さまざまな場所で、黒人と白人用は別々だった。「分離すれども平等」ならば差別ではないという一八九六年の連邦最高裁判決が生きており、人種隔離は国家によって合法的なものとされていた。私たちのようなアジア系の黄色人種は、「名誉白人」として白人に準じて扱われていた。

南部アラバマ州の州都モントゴメリーは、南北戦争の折に合衆国（北部）に対して独立をめざした南部「アメリカ連合国」の首都のあった街であり、人種差別意識の強い地域だった。しかも黒人は人口一二万人のうち約四割を占めていた。南部では珍しくなかったが、この街でも、市の条例によって、バスの中で、黒人は白人専用席に座れないだけでなく、バスが混んできて立っている白人がいる場合には、座っている黒人は白人に席を譲らなければならなかった。一九五五年一二月一日（木）、運転手の指示に従わず席を譲らなかった黒人女性が市の条例違反により、警官に逮捕されるという事件が起こった。

当時二六歳だったキング牧師をリーダーに、黒人によるバスボイコット運動が一二月五日（月）から始まり、さまざまな迫害や弾圧にあいながらも、一年以上続いた。連邦地裁が、バスの人種隔離を定めた州法と市の条例は憲法違反と判断、連邦最高裁もこの判決を支持し、ついに白人専用席は廃止され、バスの人種隔離は撤廃された。それまで無名だったキング牧師は、一年以上にも及ぶバスボイコット運動を成功させた指導者として一躍脚光を浴びるようになった（辻内・中條一九九三）。

この運動を契機に、公民権運動は南部の各地で急速に高まりをみせた。その頂点が、奴隷解放宣言から一〇〇周年を記念して一九六三年八月に首都ワシントンで開かれた「ワシントン大行進」であり、全米から約二五万人が参加した。「私には夢がある」のフレーズで知られる、この集会のクライマックスを飾ったキング牧師の力強い名演説は、日本の高校の英語教科書にも使われている。

一九六四年七月、ジョンソン大統領のもとで、改正公民権法が成立した。公共の施設における人種隔離の廃止、公立学校での人種隔離と差別の禁止などが定められた。一九六五年八月には、黒人に参政権を保障する新選挙権法も成立した。一八歳以上になれば自動的に選挙権が得られる日本の仕組みとは異なって、アメリカでは投票するには有権者登録が必要だ。ところが南部では、有権者登録に際して、読み書き試験などを課して識字率の低い黒人を排除して、投票権を与えようとしない州が多かった。一九六五年選挙権法はこのような差別を禁止した。

キング牧師は「非暴力不服従」の運動によって、公民権法の成立に貢献したことを評価され、一九六四年一二月ノーベル平和賞を受賞したが、一九六八年四月、三九歳で凶弾に倒れた。アメリカでは、キング牧師の誕生日（一月一五日）に近い、一月の第三月曜は、キング牧師記念日という祝日である。

では公民権運動はなぜ成功したのか。一八九六年の連邦最高裁判決以来、法的な扱いには大きな変化はなかったものの、黒人の実質的な地位は少しずつ向上しつつあった。

資源動員論がまず注目するのは、黒人教会の役割である。バスボイコット運動は黒人教会が組織的に呼びかけた運動である。そこにこそ短期間に大勢の黒人たちを動員できた秘密があった。教会は黒人たちの精神的支柱であり、困りごとなどのよろず相談所であり、困窮した黒人にとっては炊き出しなどの食事にありつける場でもあり、仲間と顔を合わせる交流の場だった。黒人コミュニティの中心であり、ネットワークの結節点であり、コミュニケーションや情報伝達の回路でもあった。仲間意識を持つ黒人コミュニティが丸ごと動員されたのである。全米有色人種地位向上協会（NAACP）、キング牧師が議長を務めた南部キリスト教指導者会議（SCLC）などの全国的な組織の力も重要だった。

マックアダムが「認知的解放」と呼ぶ、自分たちの力に関する意味づけの変化も重要である。キング牧師らの鼓舞のもと、車に相乗りしたり、徒歩で、集団で通勤・通学するなどして、長期間バスボイコット運動を続けられたことは、それまで抵抗を諦め、うち沈んでいた黒人たちに大きな自信を与えた。自分たちはやれる、無力ではない、状況は変えられるという確信を得たのである（McAdam 1982）。

バスボイコット運動の勝利を決定づけたのは、連邦地裁と連邦最高裁が、州法と市の条例が憲法違反だという判決を下したことにある。勝てそうな裁判に努力を傾注し、状況を打開し、実績を積み上げていくことがNAACPの典型的な運動戦略でもあった。

バスボイコット運動を契機に公民権運動が全米で高揚した背景には、北部の白人たちの支持があった。それまでは社会運動の担い手は、不満を抱いている直接的な利害当事者であると想定されてきたが、公民権運動の場合には、「良心的支持者」と呼ばれる、白人の中産階級や知識人、学生、マスメディアなどが重要な役割をはたした。公民権運動は、合衆国全体の問題、アメリカ国民全体の良心を問う問題として、全米レベルでの問題提起に成功したのである。外部からの支持獲得、資源動員に成功することが、力の乏しい集団が目標達成に成功する秘訣だった。

一九六一年に就任したケネディ大統領と弟のロバート・ケネディ司法長官、暗殺されたケネディ大統領の後継者となったジョンソン大統領の支持を得たことも大きい。一九六〇年と六四年の大統領選挙は、公民権運動にとって重要な政治的機会となった。

資源動員論は、社会運動を合目的的な行為、合理的な行為の連鎖と捉えている。運動体がどういうメカニズムで資源を動員するのか、メンバーや支持者を拡大するのか、どのような戦略や戦術をとるのか、その結果、運動は何を獲得するのか。これらが資源動員論の主要な説明課題だった。

†共通の利益の自覚は人々を行動に駆り立てるのか

階級闘争のマルクス的な説明枠組は、労働者階級の共通の利益を自覚した、階級意識に目覚めた労働者たちが資本家に向かって立ち上がるというモデルである。労働組合論や圧力集団論にもこれと似た暗黙の前提がある。しかし共通の利益が自覚されたとしても、それがただちに抗議行動を生み出すとは限らない。経済学者のオルソンが一九六五年に提起した「フリーライダー問題」である（Olson 1965=1983）。

こうした議論は「合理的選択理論」と呼ばれるが、人々は基本的にエゴイストであり、コスト負担をできるだけ避け、自分の得になる行動だけをすると考えるモデルが前提になっている。たとえば、環境ボランティアに参加する、社会運動に参加する、投票に行くなどの行動を想定してみよう。これらが「協力行動」であり、参加しない、投票に行かない、などが「非協力行動」である。個々人にとって協力行動は時間や心理的負担感などのコストをともなうが、非協力行動にはコスト負担は不要であるとしよう。つまり協力しなくても損はしないと前提する。

わかっていても人々はなぜ立ち上がらないのか、なぜ声を上げないのか。「人々の意識が重要です。意識を変えましょう。情報提供や広報が重要です。啓発が大事です」、このようにしばしば言われる。例えば環境ＮＧＯの側では、人々の無関心こそが問題だ、問題に気づいてさえもらえれば、関心さえ持ってもらえれば、自然に行動はついてくると考えがちである。しかし本当にそうだろうか、というのがオルソンの問題提起である。

人々が参加しないのは、彼らがエゴイストであり、参加にともなうコスト負担を避け、恩恵にのみ浴したがるからだ。人々はフリーライダー（ただ乗りする者）になりたがるからだ、というのがオルソンの説明である。「共通の利益」や「大義」、つまり共同性を人々が認識していたとしても、そのことが人々をただちに協力行動や参加に動機づけるわけではない。快適な環境も、政治システムの安定も、社会秩序も、その恩恵はみんなに平等に開かれている。このような恩恵は、「非排除的な」集合財、公共財と呼ばれる。仮に人々が、自己の利益の最大化をめざして行為すると仮定すれば、そのような利己的な人々は、自分では時間や労力などのコストを負担せず、快適な環境や安定した政治システム、社会秩序などの公共財の分け前にはあずかろうとするだろう。結局「お人好し」以外は、特別な条件がなければ誰も貢献しない、参加しないというのが、オルソンの問題提起である。ある意味では身も蓋もない議論だが、間違っているだろうか。

　実際、最近の日本では国政選挙の投票率は五〇から六〇パーセント台にとどまっている。投票は強制できない。自発的に投票を促すことしかできない。各種の調査で、デモ行進などの抗議行動に参加した経験のある日本人の割合は五パーセント以下である。ドイツの二〇パーセントなどと比べて、国際的にも低い（二〇一〇年世界価値観調査による）。震災ボランティア、環境ボランティア、福祉ボランティアなどに参加した経験のある人の割合もそんなに多くはない。環境団体などに寄付をする人の割合も多くない。良いことだとわかっていても、自分自身は直接関わらないという人が多数派という現実がある。奇特な誰かがやってくれればいいのであって、わざわざ自分自身が関わる必要はない。自分には時間もない、お金もない、十分な知識もない。言い訳はたくさんある。むしろ行動する人は変わった人、特殊な人という見方が支配的だ。オルソンの議論は一見極論のようだが、私たちの身の回りの現実によくあてはまるのではないだろうか。

†選択的誘因

利己的な人々の間でも協力行動が成立するのは、次のような特別な場合に限られるとオルソンはいう。(1)フリーライダーが監視できるくらい集団が小規模の場合か、(2)共通の利益以外に、貢献度に応じて「選択的誘因」が提供されるか、(3)強制されるか、いずれかの場合である。選挙の際、農村部などで投票率が高いのは、事実上強制的な規制が働きやすいからである。相互監視が働き、あの人は棄権したと、後ろ指を指されるのを怖れるからだ。しかし社会運動への参加やボランティア活動への参加などは強制すべきではない。強制の条件は外さなければならない。

第一の小規模性はわかりやすい。小規模な会合ほど欠席しにくい。サボりにくい。欠席やサボタージュが目立つからだ。しかし、ある一定のレベルを超えて運動の広がりを考えるときには小規模であることにこだわるのは適切ではない。

したがって、人々に参加を動機づけるための方策としてオルソンが教えるのは、適切に選択的誘因を提供することである。

選択的誘因は、貢献度に応じて提供される「報酬」である。職場とは異なって、社会運動やボランティア活動の場合には経済的な誘因は提供しがたい。参加を促すためには、使命感や達成感、生きがいのような目的それ自体と密接に連関して報酬的な意味をもつ表出的な精神的価値（「目的的誘因」と呼ばれる）や、連帯感や帰属感、仲間意識のような他者との関わりのなかで得られる精神的価値（「連帯的誘因」と呼ばれる）を提供するしか道はない。目的的誘因と連帯的誘因の提供こそが鍵であるというのがオルソンの回答である。

前述のように黒人教会は、そもそも黒人たちに連帯的誘因を提供し続けてきた。キング牧師らによるバスボイコット運動の呼びかけと運動の継続・達成が、新たな目的的誘因となったのである。

†気候ストライキはなぜ成功したのか――社会運動分析の三角形

こうして資源動員論は、アメリカ社会学界に社会運動研究という新しい研究分野を確立したが、他方、あまりにも功利主義的な見方であり、参加者のアイデンティティや価値観、感情などを軽視している、文化的・歴史的側面が等閑視されているなどの批判を受けるようになった。これらの批判を踏まえ、一九九〇年代以降、アメリカで発展した資源動員論的アプローチと、ヨーロッパで発達してきた新しい社会運動論的アプローチなどを統合し、

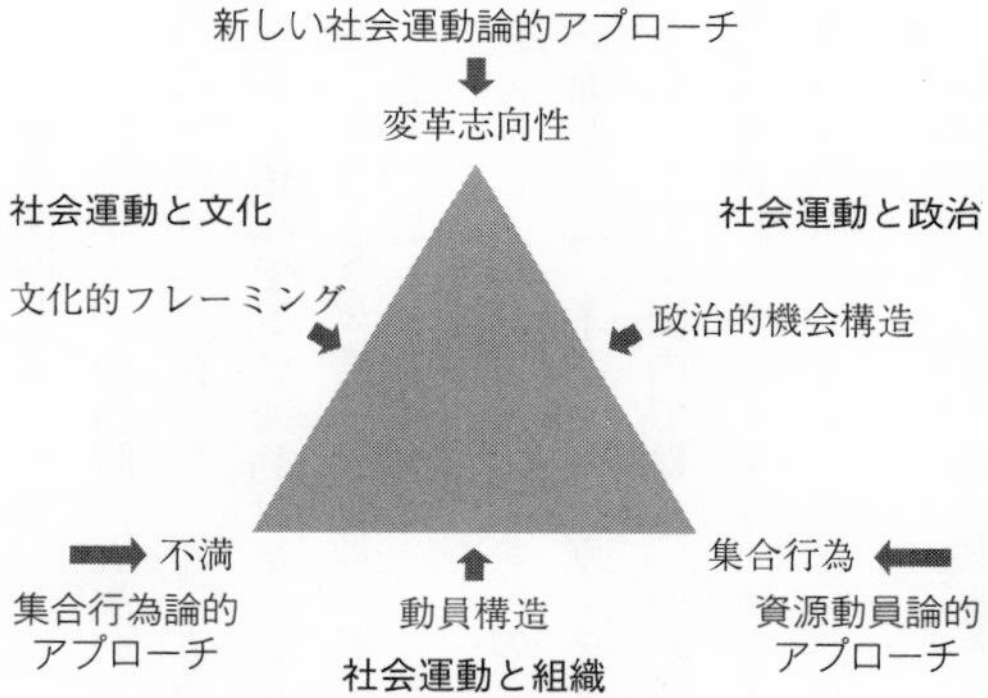

図3－2　社会運動分析の三角形

より総合的に社会運動を説明しようとする志向性が高まってきた。その際のキーワードが、文化的フレーミング、動員構造、政治的機会構造である。私自身も、マックアダムらの提起（McAdam et al. 1996）を受け止めて、二〇〇一年以来、「社会運動分析の三角形」という説明枠組を提唱している（図3－2参照）。端的には、社会運動が成功するためには、フレーミング・資源動員・政治的機会の三つのファクターの役割が重要だと考える。「社会運動と文化」「社会運動と組織」「社会運動と政治」という研究潮流を受け止めるかたちで、研究は進展しつつある（長谷川 二〇〇七c）。グレタさんらの「未来のための金曜行動」を例に、この分

析枠組を説明しよう。

スウェーデンの当時一五歳の中学生、グレタ・トゥーンベリ（Greta Thunberg）が二〇一八年八月二〇日（月）、新学期の初日から同国の国会議事堂前で、たった一人で始めた、授業を休んで気候変動対策の強化を求める「気候ストライキ」（学校ストライキとも呼ばれる）はSNSを通じて拡散され、翌日には座り込む人が五人に増え、日ごとに一緒に座る仲間が拡大した（Ermman et al. 2018=2019）。当時スウェーデンは選挙期間中で、総選挙投票日の前日九月八日（土）までの三週間、一日七時間ずつストライキを続けることが当初の計画だった。イギリスのガーディアン紙やBBCの報道も加わり、九月八日が近づくと、スウェーデン国内では一〇〇か所以上で、ノルウェーでは数千人が、オランダのハーグ国会前では約一〇〇人の子どもたちがストライキを始めた。当初予定されていた最終日九月八日にはスウェーデンの国会議事堂前に子どもと大人約一〇〇〇人が座り込むまでに至った。

大きな反響を受けて、総選挙後も、スウェーデンがパリ協定での約束を実行に移すまで、毎週金曜日彼女はストライキを続けることにした。二〇一八年一一月のTED（各界の著名人などを招いた講演会を主催・配信するアメリカの非営利団体）でのスピーチ、一二月の国連の気候変動会議（COP24）でのスピーチなどが絶賛され、気候ストライキは「未来のための金曜行動（Fridays for Future）」として全世界に広がった。

たった一人で始めた抗議行動は反響が大きく、二〇一九年三月一五日（金）には世界一二五か国の二〇〇〇以上の都市で、若者を中心に一四〇万人以上が参加するまでに拡大した。同年九月二三日に開かれた国連気候行動サミットを目前にした九月二〇日（金）には、一六三か国で四〇〇万人以上が参加した。キャンペーンは九月二七日（金）まで続き、八日間で一八五か国で七六〇万人以上が参加した。世界中のほとんどの国々で、これだけの数の若者らが自発的に街頭デモに参加した。イッシューや分野を問わず、世界で過去最大規模の集合行為となった。グレタの呼びかけ以前、気候変動に関して最大だったのは、二〇一四年九月国連の特別総会直前に開かれたニューヨークでの約四〇万人が参加したデモだった。

この運動の特徴は、(1)大学生・高校生など若い世代中心の集合行為であること、(2)これまで社会運動やデモなどに関わった経験のない初めての参加者が多いこと、(3)気候変動対策の強化を求めて授業を休むという行為の「無私性」と話題性、(4)単発的にではなく、毎週金曜など継続的に行われていること、世界的な呼びかけも、二〇一九年は三月、五月、九月と三回も行われ、国連の気候変動会議開催（一二月二―一三日）にあわせて一一月二九日にも行われた。(5)世界全体に広がっていること、(6)ＳＮＳが呼びかけのメディアとして駆使されていること、(7)シングル・イッシュー（単一争点）型の運動であることなどである。

†フレーミング

「私には夢がある」というキング牧師の言葉を思い起こさせるような「気候ストライキ」、「Fridays for Future」というわかりやすいアピール、最初に呼びかけた当時一五歳のグレタ・トゥーンベリというシンボル、これらのフレーミングはきわめて効果的だった。このように運動を正当化し、参加を動機づけるような、魅力的な運動の「自己イメージ」がフレーム（枠組）である。これを形成するための意識的・戦略的なプロセスが文化的フレーミングの過程である。

気候変動問題は、長年運動のシンボルとなるキープレイヤーが現れにくい問題だと考えられてきた。シンボル的な人物は、気候変動問題に関する啓蒙活動が評価され、二〇〇七年に科学者団体のＩＰＣＣ（気候変動に関する政府間パネル）とともに、ノーベル平和賞を受賞したアル・ゴア元米国副大統領などに限られていた。グレタは一躍注目を集めるようになり、二〇一八年一二月の気候変動会議や一九年一月の世界経済フォーラム、二月のＥＵ議会、九月の国連気候行動サミットなどに招かれ、次々と印象的な問題提起を行っている。二〇一九年一二月にはタイム誌の「Person of the Year（時の人）」に選出された。

「私たちの家が燃えています」（二〇一九年一月の世界経済フォーラムでのスピーチ）、「権力を握っている人々は、（中略）私たちの未来を盗み、利益のために売り払って、そのまま逃げてきました」（二〇一九年五月の「オーストリア世界会議」でのスピーチ）、「生態系全体が崩壊しつつあり、私たちは大規模な絶滅の始まりにいるというのに、あなた方が話すことといえば、お金や永遠の経済成長というおとぎ話ばかり。よくも、そんなことができるものです」（二〇一九年九月二三日の国連気候行動サミットでのスピーチ）など、緊急の対策を求める彼女の直截で明確なメッセージと、温室効果ガスを大量に出すことを理由に飛行機に乗らない（ヨーロッパ内は鉄道を利用、ニューヨーク行きにはヨットを利用した）などの捨て身の活動は、若い世代の代弁者として大きな喝采を浴びた。

†未来のための金曜行動

グレタが抗議行動を毎週金曜日に続けると宣言し実行してきたことに由来する「Fridays for Future」もすぐれたフレーミングだ。セクハラを告発する #MeToo 運動もそうだが、使われている英語は、英語圏ならば小学校低学年にも理解できる。直截かつポジティブ。文字どおり未来志向的でもある。わずか一六文字だが、未来への危機感を表明しつつ、だから金曜日に行動しようというアクションの呼びかけにもなっている。「Fridays」という複数形も効いている。「FFFSendai」のように、略語としても使いやすく、ハッシュタグに便利である。「Fridays for Future Yamagata」「Fridays for Future Saitama」のように、地名を付けてローカル化もしやすい。ローカル化しやすいために、若者たちが自分たちの地域でもやろうという気になりやすい。日本でも、気候変動ストライキを呼びかけるグループが各地で計三〇以上も立ち上がって、継続的に活動している（二〇二一年三月末現在）。「〇〇反対」「反〇〇」「〇〇するな」のような否定的・禁止的・告発的なフレーミングに比べて、抵抗や反発を招きにくく、「Fridays for Futureって何だ」という関心も喚起しやすい。

日本の社会運動や市民運動、参加と連帯をめぐるさまざまな呼びかけに、このわずか一六文字の「Fridays for Future」に勝るようなフレームがはたしてこれまであっただろうか。社会運動や抗議行動というと、日本では、堅い漢字がいかめしく並んでいる場合が多い。

†資源動員

資源動員については、どのような資源がどのような条件のもとで動員可能であるのかが課題だ。どのような人々がどのように動員されるのかが焦点となる。グリーンピースや「Friends of the Earth（地球の友）」、WWF（世界自然保護基金）などのような既成の環境NGOが後景に退き、「Fridays for Future Berlin」や「Fridays for Future London」のような新たな若者中心のネットワークを前面に出した戦略が注目される。既成の環境NGOのメンバーや事務局の専従スタッフがメンバーに加わるなどして大なり小なりサポートしていることは事実だが、基本的には個々人による緩やかなネットワークという性格が強い。SNSを通じた呼びかけや発信力も注目される。

グレタのツイッターのアカウントは、五〇〇万のフォロワー数がある。これは日本の前首相安倍晋三の公式ツイッターのフォロワー数二二五万の二・二倍にも及ぶ（二〇二一年四月末現在）。グレタのFacebookのサイトもまた三四九万件のフォロワー数がある。二〇二〇年九月二一日に彼女が掲載した二〇〇五年二歳の折の自分の写真を添えた、世界の二酸化炭素の総排出量の三分の一は二〇〇五年以来一五年間に排出されたものだ、二酸化炭素の排出量の増大のスピードはこんなにも速いという記事は、計一四万件もの「いいね！」を獲得した。

グレタたちの行動で注目されるのは継続性である。二〇二一年四月二三日（金）に、彼女たちの学校ストライキは一四〇週目を迎えた。三年近く続いている。世界的な呼びかけも、これまで七回以上行われている（二〇二一年四月末日現在）。

†政治的機会構造

政治的機会構造は、社会運動の生成・展開・停滞を規定する制度的・非制度的な政治的条件の総体である。グレタは、前述のように国連気候変動会議や世界経済フォーラム、EU議会、国連気候行動サミットなどに招かれ、次々と印象的な問題提起を行っている。

グレタたちの行動が大きな反響を勝ちえた背景には二〇一八年、二〇一九年という政治的機会のタイミングがあった。二〇一九年はパリ協定の実施が始まる二〇二〇年の前年であり、メディアも取り上げやすかった。グレタたちの行動が仮に二〇一二年であったならば、これほどの反響を得ただろうか。

世界の日刊紙の中で、気候変動問題の報道にもっとも熱心なイギリスのガーディアン紙は、二〇一九年五月、これまでの気候変動（climate change）という表現では現実の深刻さを十分に伝えきれていないとして、今後は、気候危機（climate crisis）や気候非常事態（climate emergency）と表記すると方針の転換を宣言した。二〇一九年一一月オックスフォード英語辞典は、「二〇一九年の言葉（The Word of the Year 2019）」に「気候非常事態」を選出した。

オーストラリアやアメリカ西海岸の山火事、日本の台風被害など、世界中で、気候危機が顕在化しつつある。「待ったなし」の状況が、グレタたちの問題提起を説得的なものにしている。

海外のFridays for Futureの動向にも詳しい、環境NGO気候ネットワークの平田仁子《きみこ》は、日本のFridays for Futureの特徴として、⑴参加者は大学生が多く、中高生が少ないこと、⑵マーチに参加する人では外国人やインターナショナル・スクールの学生が目立つこと、⑶海外のような抗議や怒りの表明は抑制されて、緩やかな連帯を示す雰囲気で実施されていること、⑷動員の規模が小さいことを指摘している（平田二〇二〇）。

その背景として、平田は、日本のメディアの気候変動に関する報道の乏しさ、気候変動問題への国民の関心や危機感の乏しさ、気候変動問題に関する政府および政治家の意識の低さ、街頭行動に抑制的な日本の政治文化などを指摘する。

私も、日本の気候変動問題における「政府・企業・メディア・市民の四重の消極性」を指摘したことがある（長谷川二〇二〇）。

Fridays for Futureのフレーミングは世界共通だが、日本の場合には、動員構造が限られ、政治的機会も閉ざされている。国会での論戦も、新聞報道も低調である。海外での急速な高揚と比較して、日本での動きは非常に鈍い。前述のように、二〇一九年三月一五日の抗議行動には世界一二五か国の二〇〇〇以上の都市で、若者を中心に一四〇万人以上が参加するまでに拡大したが、日本は、東京と京都の二都市のみ、しかもわずか二〇〇人の参加にとどまった。二〇一九年九月二〇日のデモでは二三都道府県二七都市に広がったが、合計の参加者は計五〇〇〇人程度だった。東京では約三〇〇〇人が参加したが、海外の主要都市と比べると、二桁少ない動員数である。なお人々が参加しやすいように、日本では、ストライキという言葉ではなく、「グローバル気候マーチ」というソフトな名称が用いられている（第三章章扉写真参照）。

†社会変革分析の三角形へ

私は、図3-2の社会運動の分析モデルを「社会変革分析の三角形」モデルとして一般化をはかり、社会変革の分析枠組とすることを提唱している（長谷川 二〇〇八、図3-3参照）。

不満は、当該社会システムのパフォーマンスの評価にかかわる問題として一般化することができる。図3-3では「機能評価」と呼んでいる（社会システム論では「機能要件の充足・不充足」と呼ばれる）。社会システムのパフォーマンスの低下を人々が「問題だ」と意識することがポイントである。機能評価は、社会変革の必要性を示している。例えば、気候変動問題は、産業活動にともなう地球の平均気温の持続的な上昇による不可逆的な気象の異変（干ばつによる山火事の増加や台風の巨大化による被害の拡大などを含む）の問題として顕在化し、絶滅する動植物の増大、平均海水面の上昇、マラリアの北上などにともなう流行病の増大、農作物の収量の変化などの負の影響を予測させている。

変革志向性は、目標や価値などにかかわって、どのような変革を求めるのか、ということだ。一般に、パフォーマンスの評価にかかわって、競合する目標や価値が競いあっている。例えば、気候変動対策として、画期的な技術革新に期待する技術主義的な立場がある。排出権取引や炭素税などの規制的手法と市場メカニズムの組み合わせを重視する経済学的な立場がある。原子力発電の復活をもくろむ原子力業界の期待もある。どのような変革志向性が最終的に生き残るのか。

文化的フレーミングは、変革志向性の社会的共有を広げていくためのシンボル創出・シンボル操作の問題である。

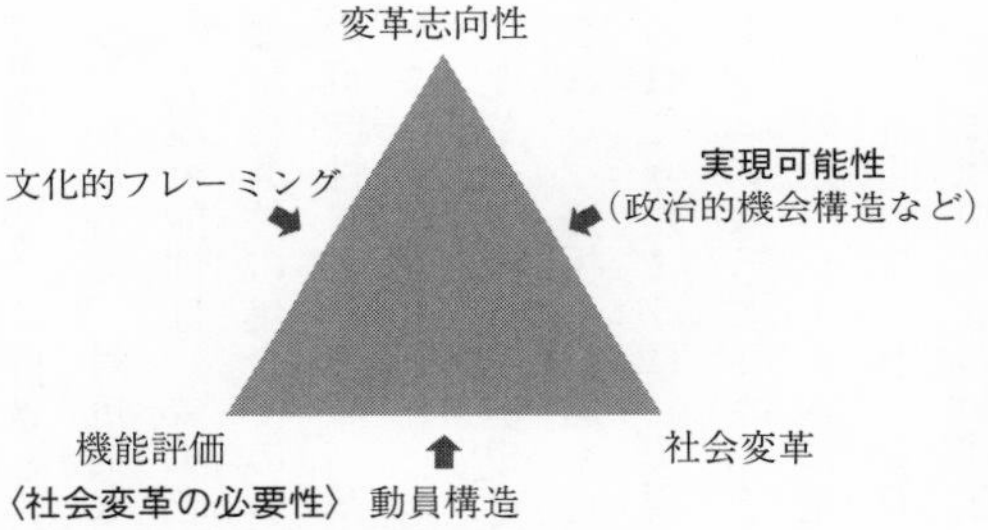

図3－3　社会変革分析の三角形

「循環型社会」「自立と共生」など、さまざまなスローガンがある。「格差社会」などのようなかたちで、対抗的なフレーム、対抗的なシンボルが提起されることもある。

実現可能性は、変革志向性をどの程度実現しうるのかを規定する政治的機会構造のような制約条件の集合である。内部・外部からの抵抗や、政府など上位の主体からの社会統制の可能性などを含め、基本的には客観的な条件としてとらえられる。また、それをどのように人々が認知しているのかという主観的な側面もある。

変革志向性は、実現可能性（制約条件）に規定されながら、具体的な変革行為へと変換される。挫折や後退や封じ込めなどがありうる。政治的機会構造の開放性・閉鎖性が議論されてきたように、実現可能性の可変性・可塑性が焦点である。伝統的な日本の官僚制システムのように下から合意を積み重ねていくタイプの社会システムのもつ硬直性や、アメリカの政治システムに見られるトップダウン型の社会システムの可変性、あるいは、これらと対照的な、下からの参加型システムの可塑性などが焦点となる。さらにこれらをどのように認知するのか、という実現可能性の主観的な認知にかかわる問題がある。前述のマックアダムのいう「認知的解放」は、不変的なものと受け止められていた黒人差別的な社会構造が、変革可能なものとして受け止められるようになったという主観的な認識の変化に焦点をあてたものである。

動員構造は、変革主体の変革能力にかかわる問題として一般化することができる。通常もっとも重要なのは、人材（リーダーシップなどを含む）や経済財（資金など）・関係的資源（コネクションなどを含む）・情報知識などの資源動員能力である。資源動員能力が高ければ、変革能力は高まり、変革行為は成功しやすい。最大の問題は、どのような資源が、どのような場合に、決定的な力を発揮するのかという点である。協働や支援も、外部からの資源動員をめぐる問題として把握することができる。

以上のような諸要因に規定されて、社会変革（意図的内発的社会変動）が産出されると考えることができる。

例えば一九九八年の特定非営利活動促進法（ＮＰＯ法）の制定という社会変革を例に説明しよう（原田 二〇二〇参照）。

†ＮＰＯ法の制定過程――社会変革過程を説明する

一九九〇年代初めから、欧米での市民活動の実情が紹介されるにつれて、ＮＧＯ関係者などを中心に、市民活動団体が簡単に法人格を持てるようにする制度の必要性が少しずつ認識され始めた（機能評価）。その必要性がメディアなどをつうじて社会的に広く共有されるようになった大きな契機は一九九五年一月の阪神淡路大震災だった。法人格の与え方をめぐってさまざまな検討がおもに民間レベルでなされ、それまでの公益法人制度のように所管官庁が認可するのではなく、都道府県が形式的な審査をつうじて認証する仕組みに提案はしぼられていった（変革志向性）。実現可能性を規定する政治的な制約条件として重要なのは、自民党・社会党と新党さきがけの連立内閣のもとで法案が準備され、議員立法として一九九八年三月に成立したことである（九四年六月から九六年一月は社会党委員長の村山富市内閣、九六年一月からは自民党総裁の橋本龍太郎内閣だった［ただし社会党を改称した社民党は九八年六月に連立政権を離脱した］）。通常のような中央官僚主導や自民党主導の政策形成過程ではなかった（実現可能性）。

政策決定過程で大きな役割をはたしたのは、山岡義典や松原明、堂本暁子のようなNGOリーダーだった。彼らは、アメリカなどでのNPO制度の仕組みについて調査・紹介し、議論を深めることに大きく貢献した（動員構造）。こうした諸要因の複合的な作用のもとで、都道府県が（複数の都道府県に事務所をおく場合は内閣府が担当する）形式的な要件を審査する認証制度による特定非営利活動促進法が一九九八年三月に成立し、九八年一二月から施行された。同法は第一条で、「市民が行う自由な社会貢献活動としての特定非営利活動の健全な発展」の促進を目的として掲げており、「市民が」という言葉が条文に登場する、現在もなお日本で唯一の法律である。

同法施行後、認証を受けた特定非営利活動法人数は、二〇〇三年二月末には一万団体を超え、〇四年一月末には二万団体を超え、〇七年一月末には三万団体を超えた。二〇二一年三月末現在、約五万団体が認証を受けている。NPOという言葉も日本社会に定着した。

このような説明の有効性は、特定非営利活動促進法の制定をもたらした大きな契機は阪神淡路大震災だったというような素朴な通説的な理解を相対化できることにある。阪神淡路大震災に対する日本社会の反応の一つが、特定非営利活動促進法の制定であり、NPO活動の促進と奨励だったというような見方は、必ずしも正しくない。上記のように、特定非営利活動促進法の制定にとって阪神淡路大震災がもった意義は、市民団体が法人格をもって持続的に活動できるような仕組みをつくる必要性についての社会的認識の共有を促進したという点にこそ求められるべきである。

以上は簡単なスケッチだが、このようなかたちで社会変革過程は説明可能である。現代社会には、さまざまな制度変革の実例がある。ある制度変革をめぐる論議が、どのような主体のもとでどのようにスタートし、最終的にはどのような制度変革として実現し、あるいはどのようにねじまげられ、どのように挫折したのか、興味深い事例は多い。

二〇二〇年に、一九六〇年代以降の社会運動の達成と課題を振り返る、日本を中心とする現代の社会運動の見取り図として、若い友人一五名とともに『社会運動の現在』（長谷川

編　二〇二〇）を刊行した。一五の社会運動を取り上げて、どのような社会背景からそれぞれの運動が生じ、それがどんな社会的インパクトを持って、特にどのような政治的な応答を引き出したのか、各社会運動の現状と課題は何かを論じている。

第四章
原発閉鎖とアメリカ市民社会

住民投票の翌朝、冷却塔から最後の水蒸気を噴き上げるランチョ・セコ原発
（1989年6月7日）（Sacramento Bee紙提供）

湯川秀樹の伝記との出会い、社会学との出会い、院生時代の新幹線公害問題との出会いに続いて大きな転機となったのは、一九九〇年から九一年にかけてのカリフォルニア大学バークレー校での在外研究だった。パスポートを初めてつくったのは、一九八九年、三四歳のときだ。相当奥手だ。それまで私は典型的な内向きの日本人研究者だった。

†内向きの日本の社会学

大学院生の頃までは、海外にそれほど関心がなかった。好きな作家は谷崎潤一郎や川端康成、太宰治など。歌舞伎・文楽見物が好きだった。映画も大島渚や篠田正浩の作品など日本映画ばかり見ていた。高校時代は仏文学志望で、『赤と黒』『ボヴァリー夫人』をはじめ代表的な名作は翻訳で読んでいたが、翻訳物の不自然さがあまり好きではなかった。英会話も英作文も苦手だった。海外は食わず嫌いでもあり、心理的にも遠かった。

二〇一四年の世界社会学会議横浜大会の組織委員会委員長を引き受けたのは、海外の大学院に留学したわけでもない、しかも、かつてひどく内向きだった自分だからこそ、大きな国際大会のホスト役の責任者を務めるのは、日本社会学会の普通の会員にとって意味があるだろうと考えたからである。留学先の海外の大学院で学位を取得したような、語学に堪能な特別な研究者だけがかかわるのではなくて、「純国産」の自分が先頭に立つことに意味があるだろうと思った。国際会議に気後れしがちな、多くの日本社会学会会員の気持ちがよくわかるからである。

私は山形県生まれの、そもそも口下手で不器用な東北人だ。今でも、会合などで、どうしてあそこで一言足りなかったんだろう、あと一言詰めの言葉を加えるべきだったと悔いることが少なくない。関西や九州、首都圏出身の方の軽やかな弁舌の冴えを恨めしく思うことがある。言い過ぎたことを悔やむことは少ないが、言い足りなかった悔いはなお数多い。

インターネット時代の研究者である以上、グローバルに闘わなければならない。日本の社会学の知見を国際発信しなければならない。日本の若い研究者の眼を海外に向けなければならない。日本語の口下手を克服してきたように、ブロークンなサバイバル英語でも何とか努力して、責任者として国際会議をやり抜こう。

二〇〇六年から準備を始めていたが、幸い、二〇一四年七月一三日に開会した国際社会学会（ISA）の世界社会学会議横浜大会は一〇〇か国以上から六〇八七人が参加、日本からも九八六人が参加して大成功だった。矢澤修次郎・町村敬志・白波瀬佐和子教授ら組織委員会の先輩・仲間に大いに助けられた。国際的な評価も高かった。二〇一六年八月の国際心理学会議には八〇〇〇人以上が参加しこの記録は抜かれてしまったが、この時点では、文科系の研究者の会議としては日本最大の国際会議だった。世界社会学会議の招致は、一九五〇年代からの日本社会学会の悲願だったが、財政難などから時期尚早として長年先送りされてきていた。

中国・韓国・台湾の社会学者は海外で学位を取った留学経験者も多く、英語も巧みで、押し出しもいい。英語のプレゼンテーションも上手である。国内で著名な日本人社会学者で、国際的な評価も高い方は、実は今でも非常に少ない。二〇二一年の現在でも、英語論文の発表に熱心でない研究者がほとんどである。海外の研究者から引用される社会学者はいまだに少ない。興味のある読者は、Google Scholar で検索して確認されたい。「Ueno Chizuko, sociology」で検索すると約一五〇〇件。日本在住の研究者の中ではダントツに多い。

二〇一二年夏、デンバーで開催されたアメリカ社会学会大会の折に、在米の韓国人社会学者の集いが開かれたが、六〇人近くが集まり、そのうちの半分は院生で、残り半数は、アメリカの大学に研究・教育職のポストを持つ人たちだったという。一方、アメリカの大学で活躍している日本人の社会学者は山口一男（シカゴ大教授・家族社会学者）が著名だが、せいぜい数人程度と見られる。アメリカの大学で博士の学位を取得しても、日本人は帰国したがる傾向が強い。韓国には「シカゴ・マフィア」と呼ばれる、シカゴ大大学院社会学研究科の PhD 取得者が一六人いるという。一方、日本人は九人にとどまる（二〇一三年三月時点）。

日本の社会学の「自足性」の基本的な原因と背景は、早期に近代化を遂げ、国内マーケットが十分大きかったために、輸出ドライブがかかりにくかったことにある。社会学教育も順当に制度化されたため、幸いなことに国内の社会学教育のみで研究者を再生産できる体制が比較的早期に確立した。国内の社会学教育のみで研究者を再生産してきたことの意義はきわめて大きい。しかしそのことが、自足性への安住の背景となってきた。

言語や文化の負荷が高いこともあってか、社会学研究者の場合には自然科学や経済学とは異なり、海外への「頭脳流出」は問題にならず、日本国内のポスト獲得のみをめざす構造が早期に定着した。国内の大学での採用・昇進の評価、国内学界内での評価は、基本的には日本語の業績でなされてきた。英語での業績の有無は、ごく最近まで重視されてこなかった。

日本社会学会の国際発信特別委員会の初代委員長（二〇一五―一八年）を務めるなど、今でこそ社会学界の国際発信の旗振り役の一人となったが、一九九〇年までは、私自身がひどく内向きだった。

恩師の吉田民人教授は、海外で研究するのは、日本で自分自身を確立してからの方がよいという考えの持ち主で、早期の海外留学を奨励しなかった。子どもの頃読んだ伝記では、湯川秀樹がアメリカのプリンストン高等研究所などで研究したのは、四一歳から四六歳にかけてのことだった。四二歳でノーベル賞を受賞するから、湯川も国内での教育・研究のみで、受賞対象の研究を成し遂げたのである。

これまで訪れた国はヨーロッパを中心に三四か国。三四歳以降の三一年間で、三四か国というのは多いといえるだろう。すべて国際会議や調査など、仕事の旅行だ。

福島原発事故に関する国際会議での英語報告が求められ、また二〇一四年の世界社会学会議横浜大会のホスト国側の責任者として広報活動などに忙しかった二〇一二年は、一年間に一〇回計九か国に出張した。台北から帰って、成田でシャワーを浴びただけで、オーストラリアのブリスベンに飛んだこともある。レバノンのベイルートでの会議からトルコのイスタンブールで乗り換えてオックスフォード大に向かうなど、ハードスケジュール続きだった。

†在外研究——カリフォルニア大学バークレー校へ

一九八九年八月、思い切ってサンフランシスコで開催されたアメリカ社会学会大会をのぞいてみることにした。資源動員論や公民権運動などを勉強するにつれ、この理論や運動を生み出したアメリカ社会を早期に見ておく必要があると思ったからだ。このときカリフォルニア大学バークレー校も訪問した。バークレー校は在外研究の候補地だった。あわせてコロンビア大学のある、ニューヨークのマンハッタンも訪れた。二〇〇一年九月一一日のテロで倒壊した世界貿易センタービルにはそのとき昇った。

文部省の在外研究には三五歳未満対象の若手特別枠がある。満三五歳の誕生日を迎える以前に出発しなければならない。申請可能な最後の年度だったが、幸い申請が認められ、一九九〇年七月七日から九一年五月五日までの一〇か月間カリフォルニア大学バークレー校に滞在できることになった。ホスト役をお願いしたのは、パーソンズの高弟の一人で、社会変動論・集合行動論の第一人者ニール・スメルサー教授である。この一〇か月間の研究生活が大きな転機になった。

このとき渡米を励まし応援してくれたのが、ミネソタ大の環境社会学者ジェフリー・ブロードベント（Jeffrey Broadbent）だ。彼は大分のコンビナート建設反対運動の事例研究をやっており、日本語がとても上手だった。福岡安則と親しく、福岡の紹介で、梶田や舩橋、私とも知り合いになった。ブロードベントは私の海外経験の特筆すべき大恩人だ。

アメリカ社会学会や国際社会学会に出かけると、そのたびにブロードベントが温かく迎えてくれる。国際会議でぽつんと「壁の花」になりがちな日本人研究者にとって、こういう友人の存在は何よりもありがたい。

二〇〇四年にはミネソタ大の客員教授に招いてくれ、半年間とてもお世話になった。当時院生だった篠原千佳（現・桃山学院大学准教授）にも助けられながら、一学期環境社会学の講義をしたことは、大きな財産である。日本でしか社会学を学んだことのない自分が、日本で作りこんできた環境社会学を、アメリカの大学で英語で教える。こんなにうれしいことはない。ブロードベントの売り込みのおかげで、ハーバード大ライシャワー研究所、ミシガン大日本センター、ウィスコンシン大社会学部でも講演の機会をもつことができた。売り込み方を見習い、知り合いのシカゴ大の先生に頼みこんで、一コマ授業を持たせてもらったこともある。

同憂の士をグローバルに見いだす喜び。海外の研究者との議論の中で、問題意識を広げる喜び。日本の狭い枠組を超えて、国際比較をするなど、コンテクストを広げて考察する喜び。それらを教え導いてくれたのが、ブロードベントだ。

†井の中の蛙

最初のバークレー校での研究生活に話を戻そう。

バークレー校に到着して、最初の二晩ほどは、夏休み期間でもあり、指定されたドミトリー（学生寮）に泊まった。驚くべきことに、男女混合のフロアで、トイレも洗面所も男女共用だった。女子学生がドライヤーで髪を乾かしている横で歯を磨くのは、どうにも落ち着かなかった。

一眠りして目覚めると、中庭でバスケットに興じている学生たちの喧噪が聞こえてきた。そのとき直覚した。昨日までの自分は、いかに「井の中の蛙」で、狭い世間しか知らなかったのだろう。小世界に安住していたのだろう。地球は、世界は、こんなに広かったじゃないか。この折の覚醒感は、今でも鮮やかに覚えている。

サンフランシスコの人気スポット、フィッシャーマンズワーフに初めて出かけたときは、霧で海はよく見えなかった。この太平洋は、仙台の沖につながっている。成田からサンフランシスコまでの約八〇〇〇キロ、飛行時間約九時間、この遠さこそが、日本を、日本の独立を長い間守ってきたのだ。しかしこの遠さが、日本の国際化の桎梏《しっこく》にもなってきたに違いない、と霧の向こうを見つめながら感得した。

バークレー校の向かいのユニバーシティYWCA（キリスト教女子青年会だが、男性も自由に出入りできた）には、海外からの研究者やその家族などに向けた無償の英会話のサポート・プログラムがあった。幸運なことに、私のパートナーは、ラッド・ガードナーという五〇代半ばぐらいのベクテル社を早期退職した元コンサルタントで、博覧強記の人だった。俳句や禅などの日本文化に興味をもっていた。とても親切で、バークレー校の図書館の使い方（年間の登録料を払っていれば市民も自由に出入りできた）を懇切丁寧に教えてくれたり、サンフランシスコの展覧会を案内してくれた。バークレー周辺の在野の市民の知的レベルの高さに圧倒された。

大家さんの日系人のトム・クマイも親切で、自動車免許の取り方、中古車の買い方、車での空港への行き方などを手取り足取り実地に教えてくれた。

バークレー校の社会学部には旧知の大谷信介も在外研究で来ており、お互いに励まし合った。

†脱原発の「金鉱発見！」

渡米のそもそもの目的は、アメリカで原発問題に関する事例研究をすることにあった。当時は欧米の社会そのものを対象にした質的な社会学の事例研究はほとんどなかった。欧米の最新の理論動向や研究方法を学び、日本やアジアの現実に適用するというタイプの研究が大半だった。移民研究やサブカルチャーの研究、欧米の制度の紹介的な研究をのぞくと、三〇年後の今も事情はそれほど変わってい欧米は先生で、理論を学ぶ場であり、ない。欧米の大学での日本人留学生のPh.D論文も、日本社会に関する研究が多く、日本人の目でみた欧米社会の研究は今でも限られている。その意味で、朝日新聞記者金成《かなり》隆一による二〇一六年大統領選挙のルポ（金成 二〇一七、二〇一九）は高く評価したい。アメリカの大衆がなぜトランプに熱狂するのか、彼らを直接取材し、日本人の目で捉えているからだ。欧米の理論を、日本国内やアジアの現場に適用するという「先進 - 後進」の構図、文化帝国主義的な非対称の構図は今も根強い。

英語力不足で無謀ではあったが、私が意図したのは、新幹線公害問題やすでに開始していた六ヶ所村のむつ小川原・核燃問題を調査してきた研究手法で、アメリカの原発問題を調査することだった。

幸い州都サクラメント郊外のランチョ・セコ原発は、一年前の一九八九年六月に住民投票の結果を受けて閉鎖されたばかりだった。在外研究の後半は、おもにこの問題に取り組むことにした。閉鎖された原発を所有する電力公社（民営ではなかった）は周囲の大きな電力会社に吸収されてしまうのではないか、と恐れられていたが、トラブル続きの原発を閉鎖したことで経営リスクがなくなり、また理事会を二分する紛争のタネがなくなったことで、この電力公社は蘇りつつあった。「省電力は発電である」という画期的な発想による節電キャンペーンをはじめ、刮目《かつもく》すべき取り組みをいくつも行って全米および世界中の注目を集めていた。電力を販売するだけではなく、節電に関する情報とサービスをあわせて提供する電気事業者として脚光を浴びるようになった。

サクラメントは金鉱発見のゴールドラッシュの舞台だ。「原発閉鎖で電気事業者が蘇った、これこそ現代の金鉱じゃないか。ついに、見つけたぞ（Just academic gold! I found it.）」。一九九一年四月、帰国を目前に、サクラメントからの帰途、フリーウェイを走りながら、突然こんなセリフが思い浮かんできた。研究が進むにつれて、エイモリー・ロビンズなどの助言もあり、この思いはいよいよ確信になった。アメリカの社会科学者を差し置いて、このサクラメント電力公社を初めて研究した社会学者であることは、何よりの誇りである。

†英語力不足を補うには

アメリカには「モーテル6」という、昔は一泊六ドルだったという安いモーテルのチェーンがある。サクラメントではいつも、このモーテルに泊まった。一九九〇年当時は一泊二六ドルだった（現在は七六ドルぐらいのようだ）。

この原発の閉鎖を求める運動はどうやって盛り上がったのか？　閉鎖に至るまでどんな

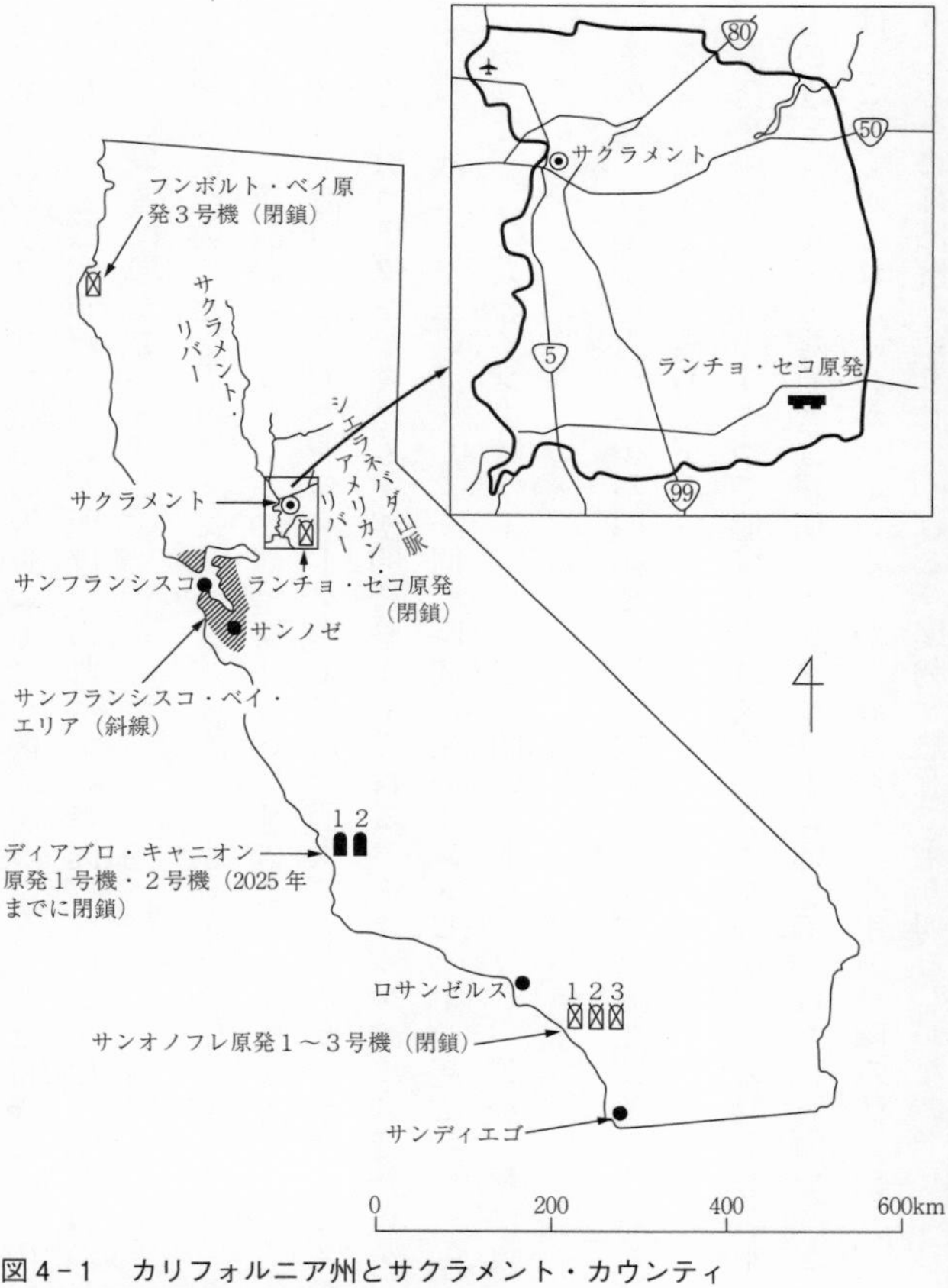

図4－1　カリフォルニア州とサクラメント・カウンティ
（長谷川［1996］2011: p.18をもとに更新）

壁があったのか？　住民投票の翌日に原発を閉鎖することはなぜ可能だったのか、等々、尋ねたいことは明確だ。問いが明確であれば、誰に聞けばいいかは自ずとわかる。雪だるま式に対象者は増えてくる。

問題は英語力不足をどうやってカバーするかだ。前述のラッド・ガードナーのアドバイスもあり、英語のインタビューの録音テープの文字起こし（トランスクリプションという）サービスを活用した。大学街のバークレーには、個人によるそういうサービスがあった。こちらのブロークンな英語も文法的に整えてくれる。ダブルスペースで一頁一・五ドル。二〇頁の起こしで三〇ドルだ。一回二時間前後のインタビューの起こしに三〇―四〇ドルかかった。一〇人のインタビューで三〇〇―四〇〇ドルになる。しかし背に腹は替えられない。

その場では細かい点が多少不明確でも、予定したインタビューが終えられれば、相手方の発言の細部まで事後的に正確にわかる。

原発を閉鎖して、どうやって地域の電力公社が蘇ったのか、この経験を日本に伝えたい、というとほとんどの対象者は親切にインタビューに応じてくれた。対面で向き合っていれば、こちらがどれだけわかっているのか伝わるから、相手方は嚙み砕いたり、繰り返したり、ときには図解したりしてくれる。度胸と熱意で乗り切るしかない。

†アポ取りの苦労

当時一番苦労したのは、電話でアポを取る、つまりインタビューの時間と場所を約束することだった。電子メールもスマホもまだなかった。モーテル6ではＦＡＸは使えなかった。アメリカの公衆電話はコイン式で、二五セント硬貨をたくさん用意しなければならない。市外電話だと、二五セント硬貨がどんどんなくなっていく。焦る、通じない、焦る、コインがなくなり電話が切れる！

どんどん気が重くなってくるが、「えい！」と、何とか自分自身に気合を入れて、奮い立たせて乗り越えなければならない。

しかも人間が出てくれれば何とかなるが、企業の場合には当時すでに、answering machine（留守番電話）の自動応答で、あとでcall backするからどこに掛ければいいのか、連絡先を求められるのが普通だった。日本のように隣の職員が代わって取ってくれるようなことはめったにない。折り返しモーテル6の一二号室に掛けてくれといっても、なかなか掛けてきてはくれない。しかも、こちらが移動中には電話は受け取れない。数字は間違ってはいけない。こちらのストレス（強勢）が弱いのか、eightをよく聞き返された。泣きたくなるのは、thirtyとthirteen、fiftyとfifteenなどだ（teenがつくと、ストレスは後ろ

〔teen〕に来る。teenを強く長めに発音するのがコツだ）。電子メール、スマホの時代になって、アポ取りは格段に楽になった。しかしこうして安宿に泊まりながら、足で稼いで調査することで、大学の教室や新聞・テレビではわからない、サクラメントの社会のリアリティが理解できるようになった。

民主党支持者と共和党支持者の物腰の違い、発想の違いなどもよくわかった。サクラメント電力公社の理事会は公開で、誰でも傍聴でき、質疑時間になるとマイクの前に行列をつくって、会場の誰でも発言できる。私も日本から来た研究者として、理事から発言を求められたことがある。アメリカの草の根民主主義の核心に触れた思いがした。

その後の追加調査、一九九四年三、四月のヨーロッパでの調査なども加えて、一九九六年七月に書き下ろしの単著として『脱原子力社会の選択』を刊行することができた。脱原子力化を提唱しただけでなく、固定価格買取制度、自治体電力、電力会社の分離分割なども提言した、時代を先取りした本である。読みやすい記述にしたこともあって、国内での反響は大きく、恐らく五〇回以上、講演に招かれたのではないだろうか。東北電力や中国電力、電力中央研究所にも招かれた。

福島原発事故直後には、担当編集者の小田亜佐子の強い薦めで、その後の一五年間の動きを加え、増補版を刊行した（長谷川〔一九九六〕二〇一一）。

†原発閉鎖と市民の力

サクラメント電力公社（SMUD、Sacramento Municipal Utility District）は、一九八九年頃には、いつ周辺の大きな民営の電力会社に吸収合併されてもおかしくないと考えられていた。

しかしついに一九八九年六月七日朝、前日の住民投票の結果を受けて、トラブル続きの原発が閉鎖された。住民投票の議案は、「一九八九年六月六日以後、サクラメント電力公社がランチョ・セコ原子力発電所を運転することを認めるという同電力公社条例案は、採用されるべきか」というものだった。投票率四〇パーセントで、賛成四六・六パーセント、反対五三・四パーセントで、条例案は否決された。投票結果は法的拘束力を持たない。しかし電力公社の総裁は、原発存続派ではあったが、投票前の公約にしたがって、メインスイッチを翌朝オフにすることを命じた。

第四章章扉は六月七日朝、冷却塔から最後の水蒸気を噴き上げる、閉鎖間際の原発の写真だ。翌八日のサクラメント・ビー紙の一面をかざった。右側にシンボリックに稲妻が光っている。

新潟県の巻《まき》原発のように、住民投票の結果を受けて建設が断念された例はあるが、一四年間稼働してきた原発が住民投票の結果を受けて閉鎖されたのは全米初の事例であり、これ以降もない。筆者の知る限り、世界的にもこの原発のみである。

全米最大のカリフォルニア州にはかつて七基の原発が稼働していたが、五基が閉鎖され、二〇二一年三月末現在稼働中は二基のみ。これらも二〇二五年までに閉鎖されることが決定している（図4－1参照）。

自分たちの問題を住民投票で決することは、アメリカではごく自然な、有権者にとって当然の権利である。日本では、住民投票は議会制民主主義をないがしろにするものであるというような主張が保守系の首長や議員からしばしばなされるが、保守系の人々を含めてアメリカ社会では、このような主張は理解されがたい。地域の世論を二分するような争点について、また議会の多数派の意思と住民の意見分布との間に大きな隔たりがあるような問題について、住民投票で決することは、有権者の当然の権利だからである。

日本人の感覚からすると、州政府や連邦政府の意向も聞かずに、住民投票の結果だけを受けて、原発存続派の総裁が翌朝閉鎖に踏み切ったこと自体が驚きである。

「ホッとした。市民の力で自分たちの電力公社をコントロールできた。電気料金も安全も、今度こそ、自分たちが握っている」。原発閉鎖の朝の、市民グループのリーダーの弁護士の感慨だ。「子どもたちを起こして新聞の見出しを見せた。とうとう勝った。民主主義だもの、おまえたちもパワーを持てるんだよ。おかあさんたちが歴史をつくったんだ」、小学校教師の四児の母はこう答えてくれた。「安堵感」「満足感」「勝利感」「達成感」。閉鎖運動にかかわった人たちは、私が行ったアンケート調査に、ほぼ共通にこのように回答している。

ランチョ・セコ原発反対運動が高揚し、閉鎖に至ったプロセスは、力の乏しい少数派がどうやって目標達成に成功するのか、まさに、第三章で述べた資源動員論のリアリティを実感させるものだった。

原発閉鎖が自分たちの電力公社を守ることと財布の問題であることを強調するフレーミングの成功、州都サクラメントに位置するがゆえの民主党系の市民運動グループの存在、大学の研究者、弁護士、地元紙の役割、女性団体リーダーの関与等々。専門性の高いリーダーと運動の裾野の広がりは日本では考えがたいレベルだった。政治的機会としての理事選挙、一九七九年のスリーマイル島原発事故の影響(事故を起こしたスリーマイル二号炉とランチョ・セコ一号炉は、ほぼ同一設計の同型炉だった)、一九八六年のチェルノブイリ原発事故の影響等々。チェルノブイリ事故を契機に原発問題についての学習会的な性格の強かった運動は、より具体的に原発閉鎖を求める運動に転換した。

ランチョ・セコ原発に批判的な新聞社と閉鎖を求める運動のリーダーの弁護士事務所が、

物理的にも近い場所にあったことも興味深かった。カリフォルニア州の州都サクラメントの電力公社だからこそ、成功した運動だった。

住民投票の議案の主語は、サクラメント電力公社である。投票結果は、電力公社の経営能力、原発の運転・管理能力への不信感の表明と見ることもできた。住民はトラブル続きの同原発に失望するとともに、同原発をめぐってゴタゴタ続きの電力公社の経営自体にうんざりしていた。八八、八九年頃は、同公社職員はパーティーで勤務先を聞かれても、恥ずかしくて答えられない、そんなどん底状態だったという。

しかし三年後の一九九二年にはたちまち蘇り、ニューヨーク・タイムズ紙など全米の主要紙に、たびたび肯定的に報道されるようになり、全米公営電力協会賞を受賞するに至った。

サクラメント電力公社の劇的な経営再建は、日本であればおそらくありえなかっただろう。日本だったら、安定的な電力供給を口実に、経産省の行政指導で周辺の電力会社に合併させられていただろう。どん底からわずか三年で蘇るところに、アメリカ社会のダイナミズムがある。日本の政治や行政のあり方は、企業の活力や自主的なアイデア、創見を削ぎがちである。

一九八九年の分水嶺

ランチョ・セコ原発が閉鎖された一九八九年、日本では昭和から平成に年号が変わった。住民投票・原発閉鎖とほぼ同時期の六月の天安門事件。一〇月から一二月にかけての東欧の民主化革命。一一月の「ベルリンの壁」崩壊。一二月のアメリカのブッシュ大統領とソ連のゴルバチョフとの間での冷戦終焉宣言。一九八九年は世界的大事件が続いた、分水嶺の年だ。二一世紀の社会のあり方を予兆させるような事態が急速に可視化した。前年の一九八八年六月には米上院公聴会を契機に、気候変動問題が顕在化した（米本 一九九四）。一九九〇年一〇月には東西ドイツが統一され、一九九一年一二月にはソ連が解体し、ロシア連邦などが成立した。

電力・エネルギー問題でも、一九八九年五月、ドイツの再処理工場の建設中止が決定した。七月、イギリスではサッチャー政権のもとで新電気法が制定され、電力民営化が決定した。このような時期にランチョ・セコ原発は住民投票の結果を受けて閉鎖されたのである。これらの大変動の背景には、情報化と通信革命の進展があった。インターネットは黎明期だったものの、ファクシミリ、衛星放送、パソコン通信などによって、中央集権的な情報のコントロールは陳腐化し、世界は一体性を急速に強めつつあった。

東欧・ソ連の「民主化」革命は「市民社会」の実現をめざそうとしたものであり、NGO、NPOが、政府・企業に対抗し、緊張感を保ちつつ、これらをチェックする第三の勢力として大きな力を持ち始めていた。

NGOが脚光を浴びる契機となった地球サミットは、一九九二年六月にブラジルのリオ・デ・ジャネイロで開催された。

一九八九年の分水嶺を機に世界は大きく変わったが、日本は原発という、エネルギーの大量消費を前提とした高度経済成長期の「旧式の技術」になお固執し、二〇一一年には福島原発事故を引き起こし、それ以降の一〇年間も抜本的な改革を怠って、世界から急速に取り残されつつある。

ではランチョ・セコ原発の閉鎖はなぜ、どのようにして短期間での経営再建を可能にしたのだろうか。

†何を守るのか

原発の閉鎖が経営再建をもたらしえた第一の理由は、経営リスクの大幅な低下である。否決の場合に備えて、代わりの電力を周辺の電力会社から購入する長期契約が結ばれていたから、当面電力不足の心配はなかった。ランチョ・セコ原発は出力九一・三万キロワットの加圧水型炉で、一九六九年三月に着工し、七五年四月に営業運転を開始した。同原発は電力公社の電力の五八パーセントを供給する予定だった。一基の原子炉にこれだけ依存することはそもそもリスクが高すぎよう。実際、同原発はトラブル続きで、一四年間の運転実績は、平均稼働率三九・二パーセントという低さだった。アメリカの原発には日本のような定期点検という制度はない。この低い稼働率は、平均で一年のうち七か月はトラブルで停止していたことを意味する。トラブル対策に、巨額の費用を投下したため、同原発が営業運転を開始した七五年を境に、電気料金は急ピッチで上昇しはじめた。原発閉鎖後には、大きな経営リスクがなくなったことで、ウォール街の債権市場でもサクラメント電力公社の評価は上昇した。

第二の鍵は、「公営電力公社（public utility district）」という独特の経営形態と地域社会における同公社の歴史にある。日本では、アメリカは資本主義の権化、弱肉強食的な金もうけ本位の企業社会というイメージが強い。しかしそれは一面的すぎる。それだけではボランティア活動の歴史や、NGO、NPOの隆盛などを理解することができない。アメリカは確かに寡占的な巨大企業が政治的・社会的に大きな支配力を発揮してきた国ではあるが、他方で巨大企業をチェックし、これに対抗しようとする社会運動や消費者運動などが活発な国でもある。

サクラメント電力公社は、一九九〇年当時人口約一四二万人のサクラメント・カウンティとその周辺を営業区域としており、契約消費者数約六〇万件、公営電力では全米第六位の規模だった。日本の九電力の中で一番小さな四国電力の半分程度の規模である。

サクラメント電力公社は、特定事業公社（special district）という非営利の地方行政機関である。地方行政機関であるがゆえに、住民投票の対象になったのである。日本では広域市町村圏レベルの清掃公社などが、特定事業公社の形態をとっていることがある。選挙で選ばれる七人の理事（任期四年、域内を七つに分け、各地区の代表として選任される）が構成する理事会が最高議決機関だ。経営の仕組みは、民意を経営に直接反映させるという意味で徹底して民主的である。ランチョ・セコ原発の運転継続の是非は、一九八〇年代後半地域社会を二分する争点だったが、地方政府や行政機関がこの問題に対して介入することは法律上もできなかったし、州議会議員や市長らが個人として意見を述べることはあっても、実際誰も介入することはなかった。原発の閉鎖は完全に当該地域の有権者の自律的な意思によってなされたのである。この点は、「国策民営」と呼ばれる日本の原子力発電所との大きな相違点である。

アメリカの場合、連邦レベルでエネルギー政策と呼べるほどの統一的で実効的な政策があるのかどうかは、大きな論争点である。大きな方向性を示す指針的なものはあるが、日本の長期エネルギー需給見通しやエネルギー基本計画のような、国策といえるようなエネルギー政策はない。アメリカ側からみると、日本のエネルギー政策はきわめて「社会主義的」である。

原発閉鎖によって住民たち、とくに原発閉鎖を主張したリベラル派の理事たちや市民運動リーダーが守ろうとしたのは、自分たち市民社会の側がコントロール可能な公営電力公社のあり方であり、電力サービスだった。そもそも民営の大電力会社の営業区域から独立してサクラメント電力公社を設立した目的は、安価で質のいい電力サービスを自分たちでコントロールしようとすることにあった。サクラメント電力公社は大電力会社の妨害を克服して、設立から二三年後の一九四六年にようやく送電開始にこぎつけた。

有権者が突きつけられていたのは、自分たちの非営利の電力公社を守ることを最優先するのか（そのためには原発閉鎖もやむをえない）、電力公社の経営を危うくしてきた原発の運転継続にあくまでもこだわるのか（全米の原子力産業の関心はここにあった）、という選択だった。原発は電源の一つであって、原発の運転自体が自己目的ではない。市民運動の側も、原発一般の是非を大上段から問うという戦略はとらずに、支持層の拡大を意図して、このような経済的・経営的視点、市民自治の視点から問題の土俵を設定した。あくまでも、自分たちの電力公社を守ることと財布の問題であることを強調した。

福島原発事故後も、日本では電力会社や経済産業省、自民・公明の与党、主要な労働組合、読売新聞・産経新聞などで原発擁護論がなお根強いが、そこでは発電方法の一つであるというよりも、原発の維持自体を自己目的化しているのではないだろうか。

†政治的対立の解消・社会的合意の基礎

原発の閉鎖が、サクラメント電力公社にもたらした第三の成果は、原発存続派と原発閉鎖派との論争が事実上決着し、ランチョ・セコ原発の運転の是非をめぐる積年の政治的対立が終焉し、電力公社と地域社会の内部で、経営再建の基本方針に関する合意が確立したことにある。

原発を閉鎖していなければ政争と混乱がいつまでも続き、サクラメント電力公社の再生はありえず、早晩吸収合併となっていただろう。閉鎖は、正常化の第一歩だった。

ドイツでも一九七〇年代以降、原発の是非は、長らく保守政党と、緑の党やリベラル系の政党とを分かつ代表的な争点の一つだったが、保守中道のメルケル政権が、福島原発事故後に二〇二二年末までに原発全廃を決定したあとは、二〇一三年、一七年の二度の総選挙で、主要政党が原発全廃の基本方針に疑問を投げかけることはなかった。原発の是非をめぐる論争は、福島原発事故を契機に、ドイツでは決着した。

サクラメントでもドイツでも、原発の閉鎖は電力・エネルギー政策をめぐる社会的合意の基礎となったのである。

どこの国でも、原発推進論者と脱原発論者は、相互に不信感を抱き、お互いに顔も見たくないというような敵対感情や対抗心を持ちやすい。しかし原発の閉鎖が決定すれば、主要な基本的対立点がなくなり、両陣営は、再生可能エネルギーの促進やエネルギーの効率利用という共通の目標に向けて、協力しあうことができるようになる。

†サクラメント電力公社の再生――二一世紀の電気事業者のモデル

サクラメント電力公社が経営再建に成功した最大のカギは、歴代の原発存続派の総裁に代わって、一九九〇年六月に就任した新総裁フリーマン（一九二六―二〇二〇年）のビジョンとリーダーシップにあった。

フリーマンは就任時点で六四歳と高齢だったが、早くから省エネルギー政策の重要性を唱え、全米の電力業界内部で原子力の利用にもっとも消極的な人物だった。一九六七年からジョンソン、ニクソン、フォード、カーターの四代の大統領のもとでエネルギー政策を策定したことを誇りとする公営電力業界の長老的存在だった。とくに一九三三年にルーズベルト大統領のニューディール政策・大恐慌対策の一環として設立された、テネシー州の

TVA（テネシー渓谷開発公社）総裁在任中（一九七七―八四年）は、建設途中の原発八基の建設工事を中止し、いずれも建設を断念させ、さらに四基の建設を一時凍結した実績があった。全米の電力業界全体から見ても、脱原発路線のシンボル的な存在であり、異色の電力経営者だった。カウボーイ・ハットがトレードマークで、「グリーン・カウボーイ」と呼ばれていた。

電気事業者の未来を唱導するのは、エネルギー利用の効率化と再生可能エネルギーの開発・利用である。サクラメント電力公社が、全米で、また国際的に注目を集めるようになった最大の理由は、フリーマン新総裁のもとで、このビジョンを実践したことにある。

サクラメント電力公社は、(1)環境被害を最小にし、(2)電力サービスのコストを切り下げながら、(3)顧客には最大のエネルギー・サービスを提供し、(4)顧客との間にコミュニティ意識をつくりだすことに成功した二一世紀の電気事業者のモデルと評価されるようになった。サクラメント電力公社の経営再建は、電力サービスの未来像を提供し、地域社会からの信頼の回復に成功したのである。

サクラメント電力公社の再生は、住民から近い距離にある公営電力公社が、すぐれたリーダーシップのもとで、どのように創造的なサービスを生み出しうるのか、その可能性を雄弁に物語っている。具体的に見てみよう。

閉鎖したランチョ・セコ原発に代わる電源を長期的にどう確保したのか。電気事業者を支配してきた伝統的な考え方は、需要の伸びにあわせて電力の供給能力を増やすべきであり（「供給管理型経営」と呼ばれる）、電力の消費が増えるほど電気事業者の利潤も増えるというものだった。日本の経産省や電力会社は、長い間、この考え方に固執してきた。福島原発事故から一〇年を経た現在も、「供給管理型経営」の発想を脱していない。

これに対してむしろ需要を抑制し、電力設備は増やさずに、稼働率を高めて経営効率の改善につとめる方が合理的で賢明であるという考え方が一九八〇年代半ばにあらわれてきた。ディマンド・サイド・マネージメント（「需要管理型経営」と呼ばれる）やコスト最小化アプローチと呼ばれる。新規の電源確保が困難化し、建設コストが高くつく場合ほど、需要管理型経営の経済合理性は高まる。サクラメント電力公社が取り組んだのは、そのための多角的で組織的な努力である。日本では、二〇二一年の現在もなお需要管理型経営の視点が弱い。

†「省電力は発電」

強調したのは「省電力は発電である（Conservation is Power）」というスローガンである。「省電力は力だ」というニュアンスも込められている。英語の power には電力という意味も、力という意味もあるから、卓抜なスローガンだ。節電には、各消費者が小規模の発電をやっていることと同じ意味が、環境対策の面を含めればそれ以上の効果がある。二〇〇〇年までに、九一・三万キロワットのランチョ・セコ原発の発電能力にほぼ匹敵する平均出力八〇万キロワット相当分の節電が目標となり、この目標は達成された。省電力の効果は長期的で持続的である。しかも省電力に向けて消費者の意識を高めることができる。原発を閉鎖したことがこのような積極的な省電力政策を必要とした。原子力発電は、需要に応じて出力調整を行う弾力的な運転がしにくく、一〇〇パーセント近い高出力で運転するほどメリットが発揮される。原子力発電への依存度が高い状態では、電力需要の抑制策や需要管理型経営には意識が向きにくい。

発電への投資よりも、省電力への投資の方が経営的にも合理的だというのが、サクラメント電力公社の新しい発想である。おもなプログラムは(1)省電力製品の普及・開発キャンペーンであり、消費者に報奨金(リベート)を提供し、エネルギー効率の高い冷蔵庫・エアコン・照明設備への買い換えを勧めた。(2)特別契約した家庭のエアコンや大口顧客の電源を一定時間リモコンによって強制切断するかわりに、その顧客の電気料金を割り引くサービスを実施した。(3)一般住宅・業務用建築の遮熱・断熱対策を推進するための相談業務や検査業務に力を入れた。(4)遮熱対策として二〇〇〇年までに五〇〇万本の木を無償で消費者に提供する、植樹による「緑のエアコン」計画を実施した。(5)ソーラー・プログラムとして、太陽熱温水器を奨励するとともに、太陽光発電の設置への協力を呼びかけた。(6)一九九三年にスタートした、太陽電池設置のために南向きの屋根を提供し、しかも月四ドルの割増料金を払う「太陽光発電パイオニア」は、世界最初の「グリーン電力」制度と評価された。

†世界最初のグリーン電力制度

有機農産物や再生紙、リサイクル商品などでなじみ深い「グリーン購入運動」がある。価格が高くてもできるだけ環境負荷の少ない商品を率先して購入し、そのような商品を育てていこう、また生産者や製造業者、小売業者に対して、市場と政府に対して、消費者がそのようなニーズを持っているというシグナルを伝えようとする運動である。エコマークのような政府やNGOが発行する「環境ラベル」の認証を受けた商品の購入を呼びかける場合が多い。グリーン電力（green power）は、「グリーン購入運動」の電力版である。

グリーン電力は、風力や太陽光など再生可能エネルギーによる電力を指す言葉である。再生可能エネルギー（renewable energy）は、一般市民にはわかりにくい。日本では「自然エネルギー」という言い方が好まれるが、英語ではこのような言い方はしない。グリーン電力は、直感的でイメージ喚起的だ。英語では、グリーン化（greening）は、「税制のグリーン化」「アメリカのグリーン化」「政治のグリーン化」のように、さまざまな分野でイメージ喚起的に使われる。環境主義的な価値や運動、このような方向への社会変革を示す言葉だ。日本での「持続可能なものにする」とほぼ同義ともいえる。

ただしグリーン電力は、通常の環境ラベル商品と異なって、電気という物理的特性自体には差がない。送電網を一緒に流れる以上、「汚い電力」と「きれいな電力」があるわけではない。グリーン電力は純粋に概念上の区別である。

再生可能エネルギーを普及させる点での難題は、しばらく前までは、発電コストが割高なことだった。

現在は太陽光発電も風力発電も、発電コストが安くなっている。図4－2のように西ヨーロッパでは陸上風力の発電コストがもっとも安く、太陽光発電もかなり安い。それに対して、原発の発電コストがもっとも高い。アメリカもほぼ同様の傾向にある。

割高な発電コストというかつての課題に応えるために開発された仕組みがグリーン電力制度だった。グリーン電力制度とは、「再生可能エネルギーによる発電を普及させるための需要家もしくは納税者の負担と直接結びついた社会的仕組み」である（長谷川 二〇〇一、一一三頁）。

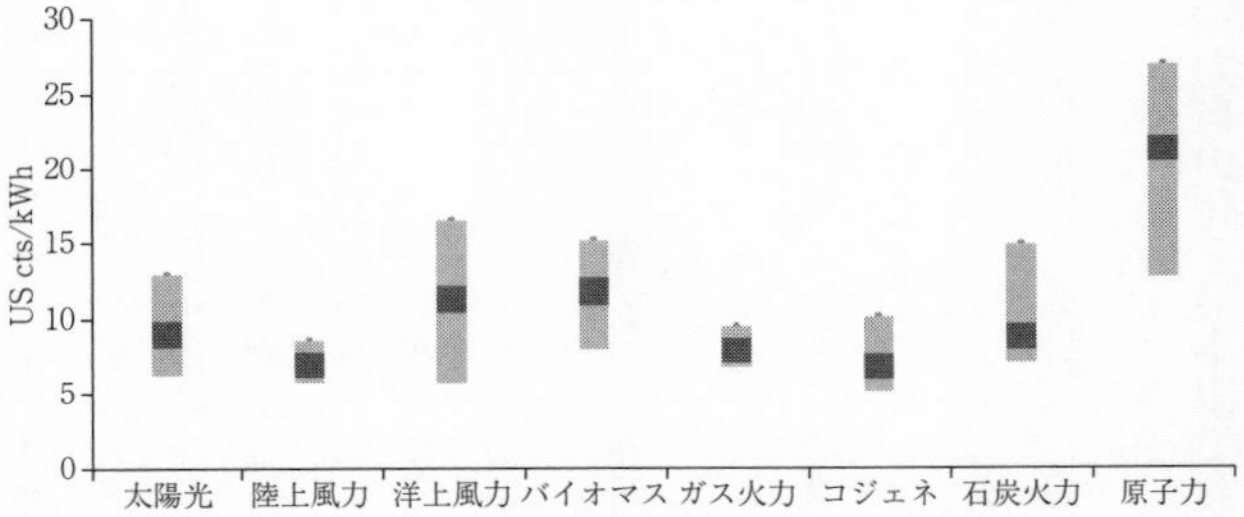

図4－2　西ヨーロッパにおける電源別発電単価（2016年下半期）
（自然エネルギー財団 2017: p.5）

サクラメント電力公社の太陽光発電パイオニアでは、生まれる電力は設置する住民の家では使わずに、全量が電力公社の送電網に流れる。当該世帯では、月四ドルの割増料金を支払う。太陽電池を設置するのは電力公社だ。住民は南向きの屋根を貸与し、太陽光発電パイオニアという認証を受け、節電や太陽熱利用などに関する情報提供、太陽熱温水器の優先的な設置などの恩恵は受けるが、直接的な経済的メリットはない。むしろ割増料金の負担がある。経済学的にみれば完全なお人好しだ。太陽光発電を普及させるために、電力公社と関心のある消費者が、それぞれともに応分の負担をする仕組みである。消費者の共感と支持が参加の基本的な動機である。

グリーン電力制度には、割増分のコストを消費者がどのようなかたちで負担するのかに着目して大別すると、今日では(1)寄付金方式、(2)出資金方式、(3)商品方式、(4)グリーン電力証書方式、(5)電気料金転嫁方式の五通りがある。太陽光発電パイオニアは世界初の寄付金方式によるグリーン電力制度である。消費者が「賦課金」のかたちで、強制的に割増分のコストを広く薄く負担しあう電気料金転嫁方式は、再生可能エネルギーで発電した電気を一定期間固定価格で買い取ることを電力会社に義務づける固定価格買取制度とセットで導入されることが多い。

固定価格買取制度は、日本でも二〇一二年七月から実施されており、太陽光発電は導入前の二〇一一年度末までの累計導入量五二六万キロワットが、一九年度末では六三〇〇万キロワットへと一二倍に急拡大した。

†サクラメント電力公社の現在

二〇〇一年一月、カリフォルニア州で大停電が起こったが、サクラメント電力公社は七日間の停電だけでこの電力危機を乗り切った。むしろ卸売市場からの電力購入を義務づけられていた大手のパシフィック・ガス電力会社は、二〇〇一年四月に倒産、サザン・カリフォルニア・エジソン社も、同様に倒産寸前の経営危機に陥った（カリフォルニア州の北部と南部の主要部はほぼ両社の営業エリアである）。ちなみにこのカリフォルニア電力危機を最大限に政治的に利用し、安定供給が難しくなることを理由に、発送電の分離に抵抗し、電力自由化を最小限で食い止めたのが、東京電力をはじめとする日本の電力会社と資源エネルギー庁である。

サクラメント電力公社は、電気料金が安いこともあって、顧客満足度調査でも、カリフォルニア州内ではトップ、全米でも指折りの高評価を続けている。

サクラメント電力公社の理事会は、二〇二〇年七月「気候非常事態」を宣言、現在二〇三〇年までに発電の過程から温室効果ガスをまったく出さない「二〇三〇年ゼロ・カーボンプラン」を掲げている。全米の主要な電気事業者の中で、もっとも野心的な目標である。盆地のサクラメント市は、全米で大気汚染が五番目に深刻な都市だ。ゼロ・カーボンプランは、地球のためにも、足元の健康のためにも貢献する。「環境正義」を掲げ、SDGs（持続可能な開発目標）の基本理念「誰も取り残さない」を踏まえた、「どの地域も取り残さない」ためのリーダーシップを前面に出している。どの地域も取り残さないは、サクラメント・カウンティ内での地域による階層格差を意識したスローガンである。

カリフォルニア州内の電気事業者は二〇四五年までにゼロ・カーボン発電を求められているが、これを一五年先取りする計画である。

カリフォルニア州政府は、州内の電気事業者に二〇一三年までに電力供給の二〇パーセントを、二〇二〇年までに三三パーセントを再生可能エネルギーでまかなうことを求めたが、サクラメント電力公社は、大きな電気事業者としては初めてこの目標を達成し、二〇一〇年に二〇パーセントを再生可能エネルギー（大規模水力を除く）で供給した。二〇一九年時点では、再生可能エネルギーで二七・八パーセントを、大規模水力で四四・三パーセントを供給、あわせて発電量の七二・一パーセントをゼロ・カーボンのエネルギー資源でまかなっている。二〇三〇年ゼロ・カーボンを達成するための課題は、現在二六・六パーセントを供給している天然ガス火力を、どのように置き換えていくかにある。

「スマート・サクラメント」の名のもとに、オバマ政権とエネルギー省が力を入れたスマート・グリッドにもサクラメント電力公社は積極的に取り組んだ。情報機器を活用した「スマート・メーター」を二〇一一年末までの間に、管内の約六〇万件の事業者や各家庭に無料で配備し終えた。アメリカの電気事業者の中でもトップランナー的な位置にある。

一九九七年に始まったランチョ・セコ原発の廃炉化作業は二〇〇九年一〇月に完了し、冷却塔の中も、原子炉建屋内も空っぽになった。原子炉から取り除かれた核燃料と高レベル放射性廃棄物は敷地内に新たに設置された一エーカー（一二〇〇坪）の中間貯蔵施設の中で管理されている。敷地周辺には太陽電池のパネルが一面に広がり、付近の湖は公園として公開されている。ネバダ州のユッカマウンテンに予定されていた高レベル放射性廃棄物の処分場の建設計画は、州政府の反対により、二〇〇九年に中止された。代わりの場所は見つかっていない。ランチョ・セコ原発から取り除かれた核燃料も高レベル廃棄物も、当面行き場のない状態である。

原発を夢見た時代の負の遺産は、先の見通しのないまま、中間貯蔵の名のもとに、管理され続けている。

†北海道グリーンファンドと市民風車の誕生

一九九六年刊行の『脱原子力社会の選択』がもたらした社会的反響の一つが、北海道グリーンファンドと市民出資による市民風車の誕生だ。泊原発三号機建設反対運動のための有効な戦略を模索していた生活クラブ北海道の鈴木亨《とおる》（現・NPO法人北海道グリーンファンド理事長）が拙著を読み、一九九六年一〇月一五日の学習会に筆者を招いてくれた。「再生可能エネルギーを育てるために市民ができること――プラス10％グリーン電気料金運動のすすめ」と題して、日本の原子力政策の問題点とともにサクラメント電力公社の取り組みを紹介した。新しい消費者運動として、再生可能エネルギー普及のための基金として電気料金の一〇パーセントを拠出し、一〇パーセントの割増分は節電で相殺する節電運動をあわせて展開することを提案した。第三章で述べたような資源動員論の知見にもとづいて、生活クラブという組織にもとづいて運動を展開できるメリットがあること、組合員が協力して、安全でおいしい牛乳をはじめとする消費材（生活クラブでは、消費財ではなく、消費材と表記している）を生活クラブが育ててきたように、安心できる電気を自分たちで育てましょう、と呼びかけた。

この講演はNPO法人北海道グリーンファンドの発足（一九九九年）と、二〇〇一年九月に北海道の浜頓別《はまとんべつ》町に誕生した市民風車第一号はまかぜちゃん建設の契機となった。「気軽に無理なく、ちょっと節電するだけで」ということで、電気料金の五パーセントを拠出する運動が始まった。その後、北海道グリーンファンドは市民風車建設運動を北海道・東北地方を中心に全国的に展開し、二〇二一年三月末現在、市民風車は全国で二二基、市民出資総額も二七億円あまりを数えるまでになった。

太陽光発電を中心とした市民出資による市民共同発電所運動は、全国に広がっている。飯田市を中心とする南信州地方のように、地域ぐるみ・自治体ぐるみで取り組んでいる例もある（おひさま進歩エネルギー株式会社　二〇一二）。会津電力株式会社のように、福島原発事故を契機に、地域再生とエネルギー自立をめざして、市民出資の太陽光発電事業を展開しているプロジェクトもある。宮城県にもNPOきらきら発電・市民共同発電所がある。二〇一五年以来、計六基の太陽光発電所を建設している。宮城県内には、原発が立地する女川町にNPO法人おながわ市民共同発電所もある。七三・九二キロワットと九〇キロワット二基の発電所を建設・運営し、売電収入を奨学金として地元出身の学生に給付している。

第五章

コンセントの向こう側
——青森県六ヶ所村

1989年4月9日、核燃反対集会で挨拶する寺下力三郎元六ヶ所村長(島田恵氏撮影)

†コンセントのもう一つの向こう側

東京電力福島第一原発事故（以下、福島原発事故）の被害者で、東京電力を告発する運動のリーダー、武藤類子が二〇一一年九月の集会の折に語った「私たちはいま、静かに怒りを燃やす東北の鬼です」という印象深い言葉がある。「私たちは、なにげなく差し込むコンセントのむこう側の世界を想像しなければなりません。便利さや発展が、差別と犠牲の上に成り立っていることに思いをはせなければなりません。原発はそのむこうにあるのです。（中略）原発をなお進めようとする力が、垂直にそびえる壁ならば、限りなく横に広がり、つながりつづけていくことが、私たちの力です」と続く（武藤 二〇一二、二〇、二六、三〇頁）。

「私たちはいま、静かに怒りを燃やす東北の鬼です」という一節は、根っからの東北人である私の胸に深く響く。九州や関西だったら、首都圏だったら、静かに怒りを燃やす鬼ですというセリフにはならないだろう。坂上田村麻呂に滅ぼされたアテルイ、源頼朝に滅ぼされた奥州藤原氏、薩長軍に敗れた奥羽越列藩同盟など、累々たる敗者としての東北の歴史を背負った言葉だと思う。素朴で、不器用で、お人好しの東北の歴史に、敗者の歴史に、東日本大震災と福島原発事故は新たな頁を付け加えた。

福島原発事故が提起したさまざまの問いの一つが、続いて引用したような電気はどこから来ているのか、という提起だ（長谷川 二〇一二）。一方、原子力発電から出る放射性廃棄物はどう処理するのか、どこへ行くのかという問いがある。福島原発事故で私たちがあらためて思い知らされたことだが、首都圏の電気のコンセントの源《みなもと》をたどれば東京電力の福島原発と柏崎刈羽原発が、コンセントのもう一つの向こう側には青森県六ヶ所村がある。

福島原発事故前は、福島県と新潟県の計一七基の原子炉が、首都圏の電力消費を支えていた。両県とも東北電力のエリアだから、地元の原発から生み出される電気をまったく使ってこなかった。にもかかわらず、電源三法交付金と引き換えに、原発事故のリスクを負わされ、青森県は全国の原発が生み出す放射性廃棄物の処理を一手に引き受けてきた。

原子力発電を抱えるどの国も放射性廃棄問題に難渋している。日本では、各原子力発電所の冷却プールで冷やしたあと、放射性廃棄物は青森県六ヶ所村に運ばれる。

†トイレに失礼な「トイレなきマンション」

原発は「トイレなきマンション」と揶揄されてきたが、この表現は、大前提としてトイレを負のイメージで捉えている。トイレに対して失礼ではないだろうか。

あらゆる生物は、進化の過程を通じて、それぞれの仕方で排泄物の処理と向き合ってきたはずだ。排泄物の処理に失敗すれば、長い進化の過程で生き残れなかったに違いない。排泄物の歴史を歴史地理学的に考察した湯澤規子によれば、日本では「ウンコは中世には「畏怖」され、「信仰」され、近世・近代には「重宝」され、「売買」され、「利用」され、近代・現代には「汚物」と名づけられて「処理」され、「嫌悪」され、その結果「排除」され、そして「忘却」されつつ、今日に至る」（湯澤 二〇二〇、一九三頁）という。

処理の困難な廃棄物を生み出さざるを得ないような技術は、そもそも技術として根本的な欠陥を抱えているといわざるを得ない。「原子力明るい未来のエネルギー」（福島第一原発が立地する双葉町に設置されていた看板の標語）は、本来的に大きな幻想だった。

†六ヶ所村と放射性廃棄物

青森県六ヶ所村はまさかり型をした下北半島の柄の部分にあたる、南北に細長い村だ。その名前のように六つの集落からなる。南北に約三〇キロ、村を縦断するだけでも車で四〇分ぐらいかかる。三沢方面から、草茫々の空き地が広がる中を走っていくと突然道路が良くなり、不釣り合いな核燃料サイクル施設が現出する。一九九四年四月にイギリスのセ

表5-1　核燃料サイクル施設概要（日本原燃株式会社資料による）

施設		規模	操業開始〔予定〕	建設費	所要人員
再処理工場	本体	年間800t・ウラン	〔2023年度（令和5年度）操業予定〕	約2兆9500億円	操業時約2000人
	使用済燃料貯蔵プール	3000t・ウラン	2000年（平成12年）		
高レベル放射性廃棄物貯蔵管理センター		ガラス固化体1440本（将来的には3千数百本）	1995年（平成7年）	約800億円（1440本分）	
ウラン濃縮工場		年間450tSWUで操業	1992年（平成4年）3月	約2500億円	工事最盛期約1000人 操業時約300人
低レベル放射性廃棄物埋設センター		埋設規模　約8万㎡（200ℓドラム缶約40万本相当）最終規模約60万㎡（同約300万本相当）	1994年（平成4年）12月	約1600億円（ドラム缶100万本規模）	工事最盛期約700人 操業時約200人
MOX燃料加工工場		年間130t	〔2024年（令和6年）竣工予定〕	約3900億円	約300人

ラフィールドの再処理工場やフランスのラアーグ再処理工場を訪問したが、この三地点の景観の印象はよく似ている。周囲の農村的な景観と不釣り合いな、SF映画のような施設群が唐突に出現するのだ。

　青森県六ヶ所村には、表5-1のように、ウラン濃縮工場、MOX燃料加工工場（建設工事中）とともに、放射性廃棄物にかかわる三つの施設が集中的に立地している。世界でもっとも大量に放射性廃棄物と放射性物質が集中する場所だ。しかも施設付近には約一五キロの長さの活断層の存在が指摘され、六ヶ所村沖四・三キロの地点からは、北に約一〇〇キロの長さの大陸棚外縁断層が伸びている（図5-1参照）。二〇一一年三月一一日の大地震で動いた茨城県沖から岩手県沖までの約五〇〇キロの震源域の北

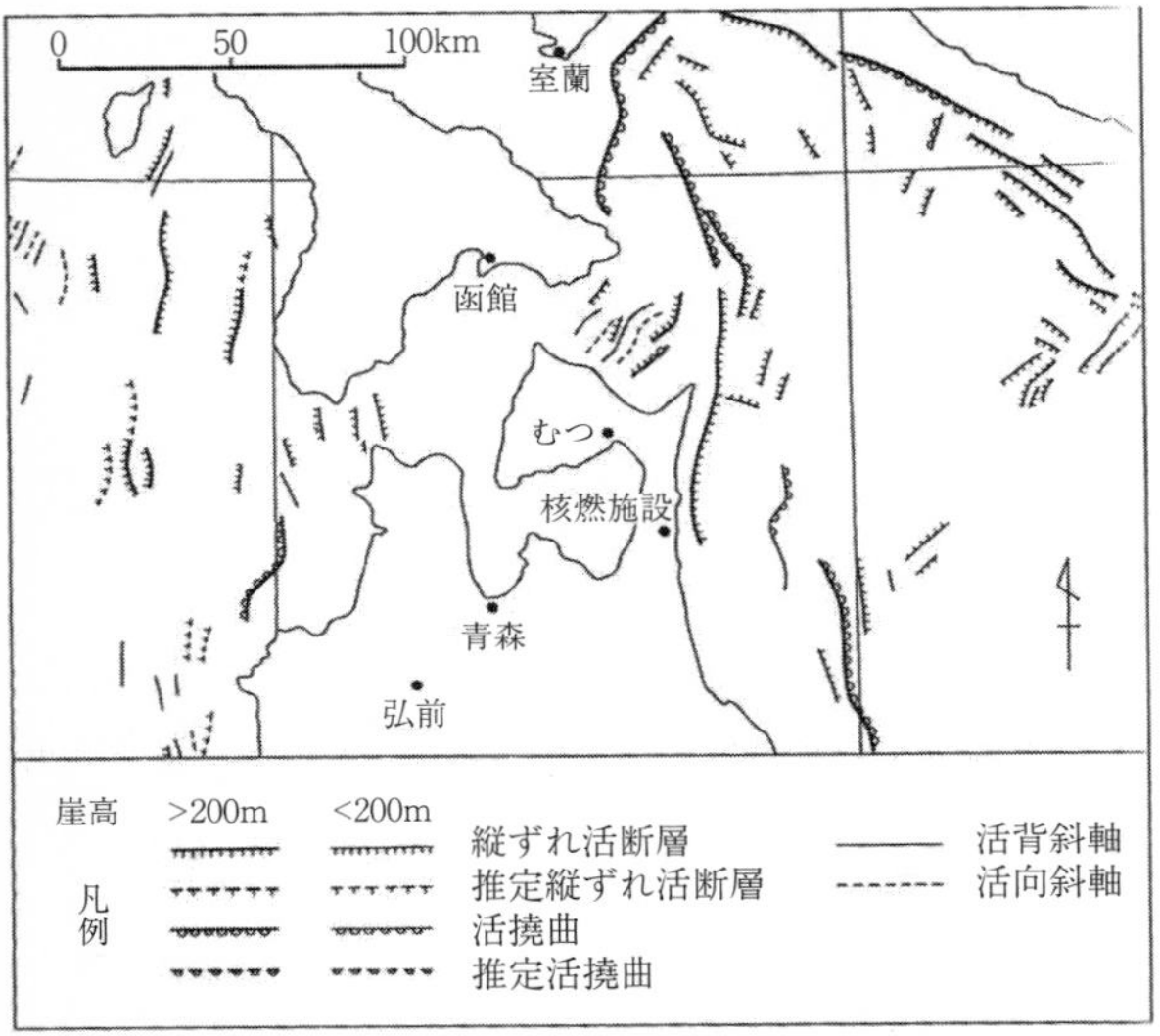

図5-1　青森県周辺における活断層分布図（船橋ほか 2012: p.43）

西に、この大陸棚外縁断層がある。ただし日本原燃株式会社（以下、日本原燃）は直下の活断層の存在を否定し、大陸棚外縁断層も耐震指針の評価対象外としている。

再処理工場は当初一九九七年一二月に完成予定だったが、大小さまざまのトラブルが発生し、完成は二五年以上遅れ、二〇二一年四月現在、二〇二三年度の営業運転開始を予定している。工事費も当初の七六〇〇億円から二兆九五〇〇億円（二〇一七年七月時点での発表）へと四倍近くに膨れあがった。初歩的な施工ミスをはじめとする無数のトラブル、工事の遅延、東日本大震災と原子力規制委員会の新規制基準を受けた改修などで、大幅に工事費は増大した。

燃え残りの使用済み核燃料をどう処理するのか。それには、日本やフランスのように使用済み核燃料を化学処理してプルトニウムを取り出す再処理と、再処理せずに地中深くに埋めてしまう直接処分の二つがある。コスト高であること、プルトニウムの使い途がないことから、近年になるほど再処理路線の国は減る一方だ。ドイツも後述のように再処理から撤退し、二〇〇五年七月一日以降は再処理を全面的に禁止している。

しかし日本は、一九六〇年代初頭から約五〇年にわたって、この二つの選択肢の得失の検討を封印し、両者のコスト比較もタブー視して、再処理一辺倒の路線に固執してきた。再処理が四倍高いという一九九四年に行われたコスト試算の結果は、通産省・経産省内で二〇〇四年七月まで秘匿されてきた。

津波や地震に脆弱な場所に、「札束」の力で、もっとも危険な施設を集中的に立地し、安全性には頬被りする。しかも運営する日本原燃は九電力会社の寄り合い所帯で、基本的な経営能力・管理能力すら疑われてきた。「原子力ムラ」は代替的な選択肢を封殺し、硬直的に既定路線を突き進んできた。もたれ合いと不作為が絡みあった日本の原子力問題の縮図のような場所が六ヶ所村だ。

自動車産業を例にとればわかるように、ドイツと日本は長い間世界を代表する技術立国であり続けてきた。そのドイツと日本が再処理をめぐって、一六年以上にわたって一方は全面禁止、他方はかたくなに推進と、正反対の政策をとっている。不合理な選択を国民に、地域社会に強いているのはどちらだろうか。

†六ヶ所村との出会い

新幹線建設問題と新幹線公害問題に続いて、一九九〇年から船橋、飯島と私が取り組んだのが、むつ小川原開発問題と核燃料サイクル施設問題である。一九六九年に発表された新全国総合開発計画は大規模開発プロジェクト構想を軸としていた。その一つの柱が、東北・上越新幹線建設に代表される高速交通網の整備であったことはすでに見た（第二章参照）。もう一つの柱が巨大コンビナートの建設だった。青森県六ヶ所村には巨大コンビナート建設計画があったが、その計画はオイルショックとともに挫折した。大規模開発プロジェクトが地域住民に何をもたらすのか、高速交通プロジェクトの次に出会ったのが原子力関連施設だった。

一九七七年、社会問題研究会のはじめの頃に、原子力船むつの母港問題についてルポルタージュや新聞記事を読んだ記憶が蘇ってきた。

船橋は、一九八二年夏に、法政大学社会学部の同僚金山行孝（環境論担当）が一九七二年度から毎年実施していた六ヶ所村調査に参加し、調査チームの運営の仕方などに感銘を受けていた。むつ小川原開発・核燃料サイクル施設問題に関する金山らのおもな収集資料は、船橋らの収集資料とともに、『「むつ小川原開発・核燃料サイクル施設問題」研究資料集』（船橋ほか編 二〇一三）として刊行されている。

私は一九八四年一〇月に東北大学教養部に着任し、地元の女川原発問題に関心を抱き始めていた。女川原発一号機はこの年の六月から営業運転を開始していた。

一九八六年四月に起きたチェルノブイリ原発事故の衝撃もあって、青森県でも農業者を中心に反対運動が急速に高揚しつつあった。私は八八年八月の「核燃サイクル阻止一万人訴訟原告団」の結成集会と八九年四月九日に六ヶ所村で開催された「核燃阻止全国集会」を傍聴した。全国集会には一万人以上が参加し、反対運動はこれまでにない盛り上がりを見せていた。当時七七歳の前村長寺下力三郎（一九一二―九九年）の演説は鬼気迫るものだった（第五章章扉写真）。

一九八八年一〇月にまずウラン濃縮工場の建設が始まった。

第一章で述べたように、私は少年時代を山形県最上町という、秋田・岩手・宮城の三県境に近い人口一万五〇〇〇人の小さな町で過ごした。後進県・弱小県と見なされがちな地域の中でも、さらに辺境に位置するという二重・三重の周辺性、交通の不便さ、豪雪・吹雪、後述の夏のヤマセによる冷害など、最上町と六ヶ所村には類似した面が少なくない。周辺的な地域が直面させられ、翻弄されてきたさまざまな困難や不利益は、他人事ではない。少年時代の私自身が経験し、子どもながらにそこからの脱出を強く願い、闘ってきた壁でもあった。

「貧しさからの脱却」「後進性からの脱却」は地域の悲願だが、その悲願ゆえに、結果的に脱出困難な泥沼にずるずるとはまり込んでしまった悲劇性が六ヶ所村にはある。そして経団連や電気事業連合会、日本政府は、この貧しさと後進コンプレックスをしたたかに利用してきたのである。

†「巨大開発」から放射性廃棄物半島へ

ではなぜ六ヶ所村に、放射性廃棄物が集中することになったのか。一九六九年の新全国総合開発計画のもとで、鹿島コンビナートの四倍の規模の大規模工業基地が構想され、用地買収が進められたことが発端である（船橋ほか 二〇一二）。『六ヶ所村の記録』（鎌田 一九九一）が同時代の観察をもとに生々しく具体的に記しているが、戦後開拓の入植者などを追い立てて、県主導で強引に用地買収を進めたものの、工場立地は進まず、利用のメドの立

表5－2　下北半島の原子力施設

施設	所有企業	現状	規模	炉型など	操業開始（予定）
大間原子力発電所	電源開発㈱	建設中	138.3万 kW	改良型沸騰水型炉・フルモックス炉	（未定）
リサイクル燃料備蓄センター	リサイクル燃料貯蔵㈱	建設中	5000t（当初は3000t）	乾式貯蔵方式	2021年度
東通原子力発電所 1号機	東北電力㈱	停止中*1	110万 kW	沸騰水型炉	2005.12
東通原子力発電所 2号機	東北電力㈱	計画中	138.5万 kW	改良型沸騰水型炉	（未定）
東通原子力発電所 1号機	東京電力㈱	建設中*2	138.5万 kW	改良型沸騰水型炉	（未定）
東通原子力発電所 2号機	東京電力㈱	建設中*3	138.5万 kW	改良型沸騰水型炉	（未定）
核燃料サイクル施設	日本原燃㈱	表5－1を参照			

＊1　東日本大震災により停止中
＊2・3　福島第一原発事故の影響で中止の見通し

たない約五二〇〇ヘクタールの広大な原野と国策会社のむつ小川原開発株式会社の約一四〇〇億円の膨大な累積赤字が残った（一九八三年末時点）。その救済策として、青森県当局が積極的に誘致したのが、核燃料サイクル計画である。

本州最北端の下北半島には、表5－2のように原子力施設が集中している。一九六七年一一月にむつ市が原子力船むつの母港受け入れを表明して以来、原子力施設の立地を開発の起爆剤にしようとしてきたのが、青森県の「地域開発」の歴史である。六ヶ所村は、北隣の東通《ひがしどおり》村と核燃料サイクル施設の誘致をめぐって競い合った。安全性やリスク、「開発効果」の現実性などを冷静に吟味・検討することなく、「隣町に乗り遅れるな」とばかりに、競い合わされたのである。「地域振興」という歴代県知事のかけ声のもとで、ドミノ倒しのように、原子力船むつに始まる原子力施設誘致が次々と後続の施設誘致の引き金となって、なだれを打って、原子力施設立地に突き進んできた。

†構造的緊張の連鎖的転移

船橋が、東北・上越新幹線建設問題を例に「構造的緊張の連鎖的転移」と名づけたメカニズムがある。「一つの問題を解決するための方策が新たな問題を生み出し、それを解決するためのつぎの方策がまた別の問題を生み出していく」というメカニズムである（船橋一九八八、一八〇頁）。

本州の北端近くに位置する六ヶ所村は、冬は吹雪、夏はしばしばヤマセ（東北地方の太平洋側で六月から八月にかけて見られる冷たく湿った東寄りの風）による冷害に悩まされ、戦後は開発プロジェクトが次々と失敗してきた、歴史的にも地理的にも、気象の面でも、周辺性に悩まされてきた地域である。六ヶ所村周辺においては典型的に、リスクへの対応が次のリスクを生み出し、それへの対応がまた別のリスクを生み出し、事態を重層的に深刻化させていくというメカニズムがある。基本的には、「戦後開拓の挫折→むつ製鉄の失敗→ビート栽培の失敗→減反政策による新田開発の挫折→むつ小川原開発の失敗→核燃料サイクル施設の立地→放射性廃棄物・原子力施設の集中」という構図である。今後も、産業廃棄物・リサイクル関係などの「静脈型産業」の立地が予想される。

福井県の若狭地方が原発半島であるのに対して、下北半島は放射性廃棄物半島化している。北海道の苫小牧《とまこまい》東地区、鹿児島県志布志《しぶし》湾地区でも、巨大地域開発は構想倒れに終わったが、放射性物質と放射性廃棄物の集中という結果を招いたのは、むつ小川原開発のみである。

†周回遅れのランナー

石油コンビナートを立地しようというむつ小川原開発計画が始まったばかりの一九七一年時点で鉄鋼業界も石油化学業界も過剰設備を抱えていた。一九七三年一〇月のオイルショックが追い打ちをかけた。巨大地域開発の時代がまさに終わろうという時期に、巨大地域開発に新たにのめり込み出したのが青森県である。一九八五年四月九日、青森県の北村正哉知事は核燃施設の受け入れを表明したが、翌年四月二六日チェルノブイリ原発事故が起こり、原発はたそがれの時代を迎える。青森県はあたかも周回遅れのランナーのように、時代に遅れて後戻りしがたい泥沼に突き進み、ますます時代に乗り残されるということを繰り返してきた。「後進県コンプレックス」ゆえに、進んで「国策」に協力し、結果的に国策に翻弄されてきたのが、青森県の地域開発の歴史であり、下北半島の歴史である。青森県当局は、批判力を持って、自立的に国際情勢にアンテナを張ることなく、国に追随する依存的な姿勢によって、何度も何度も苦杯を舐めてきた。しかも青森県当局がその失敗を直視して、負の歴史の中から何を学習してきたのかということも大いに疑問である。

一方、国や経団連、電事連は、青森県の「後進県コンプレックス」と「開発幻想」を利用して、トランプのババ抜きのババ（ジョーカー）を押しつけてきた。

†新青森駅の失敗

放射性廃棄物の受け入れと引き替えに、青森県が固執してきた東北新幹線の新青森駅乗り入れがようやく実現したのは、二〇一〇年一二月。一九八二年の東北新幹線開業の三八年後、八戸駅開業からも八年後である。歴代の青森県知事は核燃計画が「国策」であることを強調し、「国策」への協力を強調してきたが、とくに青森県が見返り的に優遇された政策があるわけではない。現在もなお青森県は多くの指標で全国四七都道府県の最下位近くに低迷している。平均寿命は男女とも一番短く、賃金水準も全国最下位だ。

東北新幹線の主要駅は、在来線との接続を重視して、いずれも在来線の駅に併設されている。しかし歴代の青森県知事の悲願だったはずの新青森駅だけはその名のとおり、在来線の青森駅から西に三・九キロ離れた新駅だ。青森市中心部に用事がある乗客は、新青森駅から乗り換えて在来線の青森駅を利用するか、タクシーで、中心部に向かわざるをえない。東北新幹線の主要駅でもっとも使いにくい。当然既存の青森駅周辺は衰退しつつある。

なぜそうしたのかというと、旧国鉄は新幹線の北海道への延伸を前提に、北海道との時間短縮を最優先して、在来線の青森駅側に迂回するかたちになるのを嫌ったからである（線形や地盤、用地難なども理由にあげられている）。青森市・青森市商工会議所は青森駅併設を主張し、青森県当局が仲介したが、結局国鉄側に押し切られた。青森県側の先見性の乏しさ、お人好しさがここにも端的に現れている。

戦後青森県が注力したプロジェクトで全国的に見ても評価が高いのは、一九九二年から始まった三内丸山遺跡の保全事業と一九九三年の白神山地保全による世界遺産指定である。白神山地の保全と世界遺産指定は、自然破壊を怖れて反対が強まっていた青秋林道建設打ち切りがもたらしたものだ。産業開発が終焉を迎え、環境保全の時代に入ったことを象徴するのが、この二つのプロジェクトだ。

†大間町・むつ市関根浜・東通村

下北半島の西北端に建設中の大間原発は二〇〇八年五月に着工、工事進捗率三七・六パーセントという段階で、東日本大震災・福島原発事故により実質的に工事は中断している

（電源開発株式会社資料）。電源開発株式会社の初めての原発であり、ＭＯＸ燃料を全炉心に装荷できる世界初の原発だ。ウラン燃料にプルトニウムを混ぜたＭＯＸ燃料を使う理由は、六ヶ所村の再処理工場が稼働すれば、大量のプルトニウムが余るからである。沖合は一本釣りで有名な大間マグロの漁場だ。遮蔽物のない対岸、約二〇キロ北には人口二八万人の函館市がある。二〇一〇年七月、大間町の住民や函館市の住民団体などが建設中止を求めて提訴中であり、自治体としての函館市も、建設中止を求めて二〇一四年四月に提訴している。

原子力船むつの母港だったむつ市関根浜には、「リサイクル燃料備蓄センター」という名の使用済み核燃料の乾式中間貯蔵施設が建設され、二〇一三年八月に完成した。ウラン換算で三〇〇〇トン分の容量があり、二〇一二年七月から操業開始の予定だったが、新しい規制基準にもとづき原子力規制委員会が審査し、二〇二〇年一一月に審査に適合しているとの判断が出された。

東通村には原発二〇基分の広大な敷地がある。いつか役立つはずだ、という松永安左エ門の指示で、東電と東北電力が半分ずつ費用を負担して買収した。松永は、今日の九電力体制を築いた「電力の鬼」と呼ばれる財界人だ。福島第一原発事故の影響で、東電の一、二号機は建設中止になる公算が高い。東北電力の二号機以降の建設も難しいだろう。利用のあてがなくなったこの土地には、むつ市関根浜だけでは足りない中間貯蔵施設が今後立地される可能性がある。

地震と地盤への懸念は残るが、電力会社が保有する土地だけに、使用済み核燃料の最終処分場の潜在的な有力候補地でもある。青森県知事は、歴代の経産相に、青森県を最終処分地にしない確約を求めてきたが、全国に数少ない「原子力に理解のある」県だけに、最終処分地の潜在的な「頼みの綱」であることは否定できない。実際、二〇〇六年末、当時の東通村村長が、地元紙に対して、最終処分場誘致に積極的な見解を述べて波紋を呼んだことがある。

†再処理をめぐるジレンマ

原子力発電所を動かすと、使用済み核燃料が生まれる。使用済み核燃料は、各原子力発電所のプールで冷やされるが、古い原発ほど燃料プールは満杯に近い。柏崎刈羽原発は再稼働が始まれば五年分の余裕しかない。東海第二・大飯《おおい》・高浜・浜岡原発も貯蔵容量は九〇パーセントを超えている。青森県六ヶ所村の再処理工場内には、ウラン換算で三〇〇〇トン分の使用済み核燃料の貯蔵プールがあるが、二〇二〇年度末で九八・九パーセントにあたる約二九六八トン分が運びこまれている（日本原燃株式会社資料）。原発を順調に動かし続けるためには、使用済み核燃料の「安全な」貯蔵場所の確保が不可欠だ。

日本は使用済み核燃料の全量再処理という原則と、余剰プルトニウムを持たないことを放射性廃棄物対策の基本としてきたが、仮に再処理工場が順調に運転を開始すると、余剰プルトニウムが増えるという難題がある。

日本は核武装の潜在的可能性がもっとも高い国であり、国際原子力機関（IAEA）から余剰プルトニウムの核兵器への転用をもっとも警戒されている国である。そのため一九九一年八月以来、日本政府は余剰プルトニウムを持たないことを国際公約としてきた。世界一四三か国でIAEAは査察を行っているが、福島原発事故前は全査察業務量のうち二四パーセントは日本一国のものだった。再処理工場が運転を開始すれば、全査察業務量の三〇パーセントが日本に対するものとなると予想されている（伴二〇〇六）。

英仏も再処理を行ってきたが、両国は核兵器保有国のため、余剰プルトニウムの存在は問題視されていない。非核保有国で、核武装できるだけの技術力、資金力を備えているがゆえに、日本の余剰プルトニウムは警戒されるのである。

日本は、二〇一九年末現在、約四五・五トンのプルトニウムを保有している。そのうち約三六・六トンは英仏の再処理工場で保管されている（原子力委員会資料）。六ヶ所村の再処理工場で予定どおり年間八〇〇トンの使用済み核燃料が再処理されれば、毎年八トンのプルトニウムが抽出される。しかし軽水炉でMOX燃料を燃やすプルサーマル以外に、このプルトニウム消費の目途は立っていない。

　原発を運転し続けている限り、「原発震災」というリスクとともに、使用済み核燃料をどう処理するのか、という難題に直面し続けなければならない。再処理をすれば余剰プルトニウム問題に突き当たり、再処理をしなければ使用済み核燃料が溢れてしまう。日本の原子力政策は、大きなジレンマを抱えている。

　再処理工場の稼働開始が遅れているために、余剰プルトニウム問題が表面化しないですんでいるという「幸運」が続いている。つまり、余剰プルトニウムを生じさせないためには再処理そのものを中止して、使用済み核燃料はむつ市関根浜の中間貯蔵施設などで、空冷式で乾式中間貯蔵するのが賢明だ。

　使用済み核燃料を再処理するにせよ、再処理せずに直接処分するにせよ、三〇〇メートルから七〇〇メートルの地中深くに埋設する最終処分場をどこにつくるのか、という究極の難題が待ち構えている。最終処分場の建設場所が確定したのは、世界中で、フィンランドとスウェーデンの二か国のみである。少なくとも一〇万年程度、生活圏から隔離しなければならない。

　日本に使用済み核燃料の最終処分場の適地は存在するのだろうか。国は、二〇一七年七月、(1)安定した岩盤で、(2)地下水・火山活動や断層活動・隆起や侵食などの影響を受けにくい、(3)自然災害が少なく、(4)港から近いなどの条件を備えた「科学的特性マップ」を示した。長年候補地として名乗りを上げる自治体がなかったが、二〇二〇年に北海道西部の寿都《すっつ》町と神恵内《かもえない》村が名乗りをあげ、二〇二〇年一一月からこの二つの町と村で文献調査が始まった。

†核燃料サイクルはなぜ止まらないのか

このように合理性を欠き、大きなリスクと難題を抱えているにもかかわらず、日本政府はなぜ核燃料サイクルに固執してきたのだろうか。福島原発事故前までの理由については、長谷川（二〇一一）で論じた。ここでは、その後の動きを中心に論じたい。

第一の理由は、使用済み核燃料の行き場の確保という意義である。日本の電力会社は、原発立地点に対して使用済み核燃料はできるだけ速やかに運び出し、原発敷地内に長く保管することはしないと説明してきた。六ヶ所村の再処理工場は、使用済み核燃料の保管場所としての意義をもっていた。いわば原発立地点対策としての再処理である。

しかし使用済み核燃料の行き場の確保のためであれば、必ずしも再処理をするには及ばない。前述のように、むつ市に建設したような中間貯蔵施設を新設し、貯蔵するという選択肢がある。またドイツで進めているように、原発敷地内やその近くでのサイト内貯蔵・サイト近傍での貯蔵を進めるという方策がある。使用済み核燃料も極力移動させない方がリスクは少ない。

しかも前述のように、六ヶ所村の貯蔵プールそのものがほぼ満杯で、再処理工場の稼働が見通せないという状況では、この意義は大幅に薄れている。

第二の理由は、原発再稼働への悪影響の懸念である。政府や電力会社には、再処理の中止は原発反対運動を勢いづかせ、少しずつ進みつつある原発再稼働の動きを抑制しかねないという危惧があるだろう。

†青森県当局との信頼維持のための再処理

第三の理由は、青森県当局との信頼関係維持のための再処理という側面である。青森県当局は、一九八五年に核燃料サイクル施設の受け入れを決めた時から、「原子力発電のごみ捨て場」になるという批判に対して、ウラン濃縮「工場」と再処理「工場」という「工場」だからということを理由に、「地域振興」や「産業構造の高度化」に役立つとしてきた。核燃料サイクル施設が交付金や補助金、土木工事等をもたらしこそすれ、「産業構造の高度化」に貢献しないことは、三十数年の歴史が証明しているにもかかわらず、少なくとも青森県議会の保守系議員および県内市町村に対しては、このような説明が表向き通用してきた。

仮に再処理が中止になれば、核燃料サイクル計画は決定的に頓挫し、六ヶ所村は、名実ともに「原子力発電のごみ捨て場」化する。いわば青森県当局と政府・電力会社との信頼関係を維持するための再処理という側面である。後述のように、青森県と六ヶ所村は、再処理問題のもっとも重要な利害関係者であり、拒否権を持っている。

†核武装の潜在能力を担保する——再処理の隠れた動機

第四の理由であり、核燃料サイクルに関する見直し論議がさかんだった二〇〇四年当時、青森県の反対とともに、「政策変更コスト」として浮かび上がってきたのが、これまでは表面化してこなかった、将来軍事転用可能な、核にかかわる国際的な権益を確保しておきたいという思惑である。原子力関係者から、「国家戦略」という視点を強調し、日本が非核兵器保有国で唯一再処理を国際的に認められていることは、「国際的に認められた貴重な既得権とも言うべきものであり」「このステータスというものを放棄していいのか」「一度失えば二度と戻らない権利」であるという主張がなされてきた（長谷川 二〇一二、三三五頁）。

一九五五年に日米原子力研究協定が結ばれ、「原子力の平和利用」のための研究が本格的に始まったが、一九八八年に再改定された日米原子力協定でようやく認められたのが「包括同意方式」と呼ばれる、一定の枠内であれば、アメリカ政府が個別に規制権を行使せずに、事前に一括して再処理等に承認を与える方法である（期限切れを迎えた二〇一八年以降は自動延長されている）。六ヶ所村の再処理工場がいよいよ運転開始となった段階で、アメリカ政府から「待った」がかかるようなことはなくなったとされる（遠藤 二〇一〇）。現在でも、韓国は包括同意を認められておらず、韓米間の課題となってきた。

しかしこれは、将来軍事転用可能な、核にかかわる国際的な権益を確保しておきたいという思惑でもある。エネルギー政策やエネルギー安全保障にとどまらない、安全保障政策として核燃料サイクルは位置づけられている。ドイツが撤退したために、非核保有国で、ウラン濃縮、再処理、高速増殖炉などの技術の保有を認められているのは日本のみである。その権益保持のためには、六ヶ所村の再処理工場は「たとえ形だけでも試運転し続ける必要がある」とする見方がある（吉岡 二〇一一、四一頁）。

「核兵器については、NPT〔引用者注・核不拡散条約〕に参加すると否とにかかわらず、当面核兵器は保有しない方針をとるが、核兵器製造の経済的・技術的ポテンシャルは常に保持するとともに、これに対する掣肘《せいちゅう》をうけないように配慮する」。二〇一〇年一一月二九日に外務省が公開した一九六九年九月二九日付の極秘文書「わが国の外交政策大綱」は核兵器についてこのように記している。余剰プルトニウムを持たないことへの配慮をはじめ、日本の再処理路線はこの文章ときわめて整合的である。歴代の自民党内閣は、核兵器について「自衛のための必要最小限度の（中略）範囲内にとどまるものであれば、憲法上はその保有を禁じるものでない」という解釈をとってきた。日本が核兵器を持たない国内法的な根拠は、原子力基本法と国会決議した非核三原則にあり、国際法的な根拠は、核不拡散条約とアメリカなどウラン輸出国との間での原子力協定にある。

読売新聞社説（二〇一一年八月一〇日付）は、菅直人首相（当時）が国会で述べた「核燃料サイクル見直し論」を批判する中で、核燃料サイクルによるプルトニウムの商業利用は「潜在的な核抑止力としても機能している」と安全保障上の意義があることを明言した。読売新聞の社説が核燃料サイクル計画のもつ「潜在的な核抑止力」としての機能に言及したのは、このときが初めてである。

ドイツが再処理路線を最終的に破棄したのは二〇〇〇年六月の「脱原子力合意」の折だが、一九八九年六月のヴァッカースドルフ再処理工場の建設中止決定以降、一九八九年一一月のベルリンの壁崩壊、一九九〇年一〇月の東西ドイツ再統一、一九九一年三月のカルカー高速増殖炉の閉鎖の決定（八六年七月から建設が中断していた）、一九九四年五月の原子力法の改正による再処理義務の解除、一九九五年一二月のMOX燃料加工工場の閉鎖決定など、再処理・プルトニウム利用路線からの転換が、ヨーロッパにおける冷戦終焉の進展とともに進行していた。

経済性を超えたところで、またエネルギー政策以外の観点から、核燃料サイクル計画、再処理の意義を評価しようとすれば、それは軍事上の観点からということになる。

†仮に止めたとしたら

再処理工場は、どうしたら止まるのだろうか？　関係者の間でささやかれてきたのは、営業運転開始以降に、初期トラブルや軽微な事故を口実に、早期に「もんじゅ化（安楽死=廃炉化）」させることである。東海村の再処理工場の実績からも、高い稼働率での運転は困難だろうから、プルトニウムはコスト的に高いものにならざるをえない。関係者の多くが納得するかたちで再処理を早期に断念する方法としては、営業運転開始後の事故やトラブルを待つしかないのではないか、と言われてきた。

しかし事故やトラブルが起きなければ止められないというのは、理性的な判断の放棄であり、福島原発事故から何も学んでいないということであり、知的な退廃の極みである。一九四五年八月六日の広島原爆投下、九日の長崎原爆投下を経て、一四日にポツダム宣言を受諾し、一五日に国民に発表するまで、太平洋戦争を止められなかった日本の歴史とあたかもパラレルである。丸山眞男が「無責任の体系」と批判したように（丸山［一九四九］二〇一五、二〇三頁）、政策決定の責任の所在が曖昧で、「既成事実への屈服」と「権限への逃避」が目立つ政治文化のもとで、日本の政治指導者たちは既定路線の変更が大の苦手だ。

では仮に止めたとしたらどうなるのだろうか？

六ヶ所村の再処理工場の資産価値がなくなる結果、日本原燃株式会社の破綻処理は避けがたい。二〇一六年秋に廃炉が決定した高速増殖炉もんじゅを保有し運営しているのは国立研究開発法人の日本原子力研究開発機構である。一方、日本原燃株式会社は国策会社ではあるが、九電力が出資する民間会社である。この点がもんじゅとの大きな相違点だ。

福島原発事故後、当時の民主党政権は、国家戦略担当大臣を議長とする「エネルギー・環境会議」という関係閣僚会議を新たに設置し、この会議に原子力政策の実質的な決定権を持たせることにした。エネルギー政策の見直しを経済産業省資源エネルギー庁から切り離して省庁横断的に行おうとしたのである。二〇一二年九月に発表された、「二〇三〇年代に原発稼働ゼロを可能とするよう、あらゆる政策資源を投入する」とした「革新的エネルギー・環境戦略」は、この会議が決定したものである。

この決定に先立って、二〇一二年九月六日、民主党エネルギー・環境調査会が「核燃サイクルを一から見直す」と政府へ提言したが、日本原燃が画策し、六ヶ所村議会、青森県知事が猛反発した。エネルギー・環境会議は、青森県などに対する根回しを欠いていたこともあって腰砕けに終わり、二〇一二年九月一四日「再処理継続」を決定した。最初に争点化した二〇〇四年に続き、この二〇一二年九月は、再処理を中止する二度目の好機だったが、政権担当能力の乏しい民主党政権の前に、三村申吾青森県知事と六ヶ所村議会が立ちはだかった。その主張の根拠は、一九九八年七月二九日付で、電事連会長が立会人となり、青森県知事・六ヶ所村長・日本原燃社長の三者で交わされた「覚書」である。そこには、「記　再処理事業の確実な実施が著しく困難となった場合には、青森県、六ヶ所村及び日本原燃株式会社が協議のうえ、日本原燃株式会社は、使用済燃料の施設外への搬出を含め、速やかに必要かつ適切な措置を講ずるものとする」と記されている（傍点引用者）。日本原燃に促された六ヶ所村議会は九月七日、政府が再処理事業から撤退するなら、(1)使用済み燃料を搬出、(2)英仏から返還される放射性廃棄物を受け入れない、(3)国に損害賠償を求めるなどとする意見書を可決した。

しかしこの覚書にはそもそも法的な拘束力があるわけではない。「使用済燃料の施設外への搬出を含め」と記しているのみで、各原発への搬出を明確に約束しているわけではない。「各原発への搬出」は、青森県知事による一種の脅しである。

電力自由化論に立つ経済学者の八田達夫は二〇〇四年七月に、青森県に巨額の違約金を補助金というかたちで国が払ってでも、ウラン試験を強行して再処理施設を放射能で汚染してしまう前に、再処理を中止すべきだと述べたことがある（「信濃毎日新聞」二〇〇四年七月六日付「使用済み核燃料再処理施設 政府の責任で稼働中止を」）。

再処理中止決定の際には、核燃料税の大幅引き上げや実質的に違約金的な意味合いをもつ補助金の新設などによって、青森県および六ヶ所村に対して、金銭的な解決案を提示すべきである。政権基盤が脆弱で内閣支持率の低迷に苦しんだ民主党政権のもとでは、再処理政策の転換は困難だっただろう。小泉純一郎元首相が強調するように、支持率の高い自民党政権のもとでこそ、原子力政策の転換は可能である。原子力政策の転換にあたって、まず優先すべきは再処理の中止である。

†何が真の国益なのか

そもそも、核武装の潜在能力を担保しておくというのは、国益にかなう賢明な選択だろうか。仮に日本が自前の核兵器を持つと宣言したら、韓国・北朝鮮・中国・ロシア・台湾の近隣諸国が黙認することはありえない。アメリカが歓迎するとも考えがたい。日本が大きな国際的非難にさらされることは必定である。首都圏や関西圏が核攻撃を受ければ、日本は壊滅的なダメージを得る。地政学的にみて、日本は核攻撃に脆弱である。

いつの日か、アメリカ側が日米安保条約の破棄を通告して、日本がアメリカの「核の傘」に守られることなく、核兵器に関して丸腰になる日は論理的にはありえよう。いつか来るかもしれないその日のために、再処理にともなう大きなリスクとコストを負ってまでも、核武装の潜在能力を担保しておくべきなのだろうか。

†太平洋戦争末期の旧日本軍のようだ

青森県当局との信頼関係維持のための再処理という議論も、実に奇妙なロジックである。再処理工場の本格稼働は、本当に青森県にとってメリットがあるのだろうか。本格稼働すれば、その瞬間から、トリチウムなどの放射性物質が微量ではあるが、大気中へ、また海洋へ、日常的に排出される。事故やトラブルの危険性も日常的にある。県産の農作物や水産物が風評被害にあう可能性も高い。再処理工場の本格稼働は何よりも青森県にとって、下北半島の地域社会にとってリスクが大きい。

にもかかわらず、これまでの履歴効果によって、青森県当局は再処理工場の破綻を認められずにいる。青森県当局も、日本政府も、電事連も、敗色を認めない、太平洋戦争末期の旧日本軍によく似ている。誰もが「無責任の体系」の中に逃げ込んで、現実を直視した決断を先延ばしにし、その場しのぎを繰り返してきた。

青森県知事はまず核燃料サイクル施設が事実上「原子力発電のごみ捨て場」化しているという冷徹な現実を認めるべきである。そのうえで歴代の知事が政府に確認してきた「青森県は、高レベルの放射性廃棄物の最終処分場にはならない」という条件のもとで、三〇―五〇年間、六ヶ所村に放射性廃棄物が留め置かれることを踏まえて、核燃料税の大幅引き上げなどの交渉に臨むべきである。再処理工場が核物質によって本格的に汚染されていない本格稼働前のいまこそ後戻りする好機である。

†六ヶ所村の地域づくり――「普通」の東北の農村に

では、仮に核燃料サイクルを止めた場合、六ヶ所村はどういう地域づくりをめざすべきだろうか。

再処理工場が営業運転を開始しないことによって、トリチウムやクリプトンなどの放射性物質が環境に放出されることがなくなり、海洋汚染の可能性がなくなる。青森県産の農産物や三陸沖の海産物が風評被害を受けることもなくなる。

六ヶ所村に関するテレビドキュメンタリーは、しばしば夏の冷たく湿ったヤマセや吹雪の中を歩く腰の曲がった老婆だとか、過酷な状況を印象づける冒頭のシーンで始められることが多い。菜の花畑とか新緑のような明るい春の景色で始められることは少ない。六ヶ所村に関してメディアはステレオタイプ的に扱いがちである。

しかし六ヶ所村にも、「普通」の地域生活がある。寒冷な気候は長いも、ごぼう、にんじん、じゃがいもなどの畑作や酪農に適している。青森ひばなど、森林資源の活用もはかれる。三沢市、東北町、横浜町、野辺地町など、周辺の市や町の人々は畑作や酪農などで堅実に生計を営んできた。

一九九七年一二月に完成予定だった再処理工場は、二五年も完成が遅れている。この間、地元はいわば宙づり状態に置かれてきた。六ヶ所村も、青森県も、賛成派と反対派に二分され、膨大な人的なエネルギーがいたずらに浪費されてきた。

仮に二〇二〇年代半ば頃までに再処理工場が本格稼働したとしても、再処理事業に経済的な合理性がない以上、早晩、再処理工場の廃止が決定されることだろう。六ヶ所村の経済や財政が、いつまでも核燃料サイクルに依存し続けられるわけではないことを冷静に銘記すべきである。

国や青森県は、再処理工場に代わる従業員の雇用先として、相対的に交通アクセスの良い三沢市や八戸市など近隣地域への工場誘致に努めるべきであり、電気事業連合会や財界もそのために積極的に協力すべきである。

結局、再処理工場の稼働中止決定こそが、六ヶ所村が、地味だが落ち着いた「普通」の東北の農村に戻る契機となりうる。何か起死回生の「魔法の杖」のような出口があるわけではない。福島原発事故のような過酷事故が起こり、広範な地域が放射能に汚染される前に、「普通」の東北の農村に軟着陸してほしい。そのためにこそ、私たちは智恵を振り絞り、力を尽くすべきだ。本格稼働させたうえで、ある程度のトラブルや軽微な事故が起きるまで路線転換を待つというのは、あまりにも愚策である。

第六章
環境社会学者の自覚

福島原発事故による大量の除染土（福島県飯舘村、2018年7月30日）

†環境社会学会の発足

平成に年号が改まった一九八九年秋の日本社会学会大会で、飯島伸子・鳥越皓之・船橋晴俊の三人が中心となって「環境」のテーマセッションがはじめて企画された。三人はいずれも環境の分野ですでに中心的な研究者だったが、この時点で飯島は五一歳、鳥越は四五歳、船橋は四一歳。三人とも若かった。このテーマセッションがきっかけとなって、一九九〇年五月一九日に法政大学の多摩キャンパスで環境社会学研究会が発足した。集まったのは五三名。私も創設メンバー五三名の一人だ。当初から学会をめざすことが意識されていた。

船橋は一九八六年から二年間、フランス政府給費留学生としてパリで研究生活を送ったが、フランスの新幹線の公害対策を調査する中でエコロジストと出会い、環境問題を今後の研究の中心に据えようと決意を新たにして帰国した。

公害研究のパイオニアである飯島や、『水と人の環境史』(鳥越・嘉田 一九八四)の共著者である鳥越、嘉田由紀子と私が親しく言葉を交わすようになったのも、この研究会が発足して以来のことだ。

日本でも欧米でも、公害や環境問題の研究は社会学の中で、長くマイナーな分野だった。マイナーどころか、そもそも公害や環境問題に関する社会学的な研究自体、一九七〇年代初頭までは非常に稀だった。社会学的な公害研究が可能かどうか、東大の院生時代に、先輩や同輩からよく批判されたと、飯島は述懐している。

環境社会学研究会の発足を機に、私自身も、遅まきながら環境社会学者であることを強く自覚するようになった。それまでは、新幹線公害問題や原発問題・核燃料サイクル施設問題などを研究する社会問題の研究者、コンフリクトの研究者という意識だった。研究会および学会発足直後は、日本に定着するかどうかわからない環境社会学を自分たちが牽引していくんだ、新しく作りあげていくんだという使命感が強かった。眼前には、あたかもこれから耕すべき、沃野となるべき大地が広がっていた。自分たち自身が、何をどのように研究すべきか、どのような研究が有意義なのか、手探りながら、パラダイム（枠組）そのものを作り出しつつあった。二年先輩の江原由美子も、あるシンポジウムの折に、草創期の女性学を回顧して、同様のことを述べていた。物になるかどうかわからないリスクも大きいが、運良く、起ち上げの場面に出くわした人間だけが持ちうる開拓者ならではの特権と高揚感、使命感があった。

環境社会学会という独自の学会をつくったことの意味は大きかった。(1)研究者自身も、環境社会学者という新しいアイデンティティのもとに、「環境社会学」の研究・講義を模索するようになった。(2)それまで交流の乏しかった研究者同士の交流の機会となった。(3)さまざまな共同研究を生み出す母体となった。(4)「環境社会学」という新しい学問分野を社会学界に、また環境経済学や環境法学など、隣接の関連学界に認知させた。家族社会学会、地域社会学会や数理社会学会など、社会学関係の専門分野別の諸学会は多いが、その中でも、環境社会学会は、発足直後から存在感のある、勢いのある学会として評価されてきた。

日本の国立大学法人では、東北大学のように社会学研究室を有する場合であっても、社会学研究室を構成する教員はせいぜい数名程度。その中に環境社会学者が一名いるだけでもいい方だ。複数いることは珍しい。だからこそ、所属大学や出身大学を超えた、研究関心を共有する研究者のネットワークは貴重だ。

海外の大学は、社会学部が学部として独立しており、教員数が多いこともあって、特定の大学に環境社会学者がまとまって所属している場合が目立つ。一九九〇年代半ばまでのワシントン州立大学社会学部や、私が二〇〇四年に在外研究で滞在したオランダのワーヘニンゲン大学がそうだったが、環境社会学が一大看板になっている拠点大学がある。拠点大学ごとに環境社会学者の研究グループがある。これをクラブチーム型とすれば、日本はいわばナショナルチーム型だ。学会大会の折に、また共同研究の際に、各大学や研究機関からプレーヤーを一人ずつ招集するかたちになる。

学会発足以前から顔なじみの会員は、船橋晴俊、同じ東北大学文学部の隣の研究室、行動科学研究室の海野《うみの》道郎《みちお》、大学の一年下の片桐新自などに限られていた。

日本の環境社会学会は、社会学的な公害研究者、農村社会学者、とくに有機農業や食糧問題の研究者、歴史的町並み・景観の研究者、環境意識の研究者、環境運動の研究者、原子力発電や再生可能エネルギーの研究者、コモンズ研究者、社会的ジレンマの研究者、林政学者、生態系の研究者などが集って作り上げてきた。

†環境研究の「第一の波」と「第二の波」

環境問題への社会的関心のピークは、ヨーロッパでは「環境と開発に関する国連会議（地球サミット）」が開催された一九九二年だと言われている。多数のNGOがオブザーバーとして参加し、NGO（非政府組織）という言葉が世界的に普及する契機ともなった。これを機に、そもそも国家間の会合である国際連合の会合に、NGOが参加することが一般的になった。二〇一五年のパリ会議のような、毎年開かれる気候変動問題についての会議がそうだし、五―一〇年おきに開催される国連の世界女性会議もそうだ。

地球サミットには一七二か国、のべ四万人が参加し、それまでで国連史上最大規模の会議となった。各国首脳が参加したが、日本の宮沢喜一首相は野党の抵抗で国会の日程を優先せねばならず、ビデオ参加せざるをえないことになり、国際的な顰蹙《ひんしゅく》を買った。

一九八九年一一月の「ベルリンの壁」崩壊、一九九〇年一〇月の東西ドイツの再統一、一九九一年一二月ソ連のロシアへの移行など、ヨーロッパにおける冷戦の終焉が環境問題への関心の高まりをもたらしていた。眼前に迫る新世紀への期待もあった。この頃から二〇世紀末にかけては、欧米では、フランス社会党のミッテラン政権（一九八一―九五年）、アメリカのクリントン政権（一九九三―二〇〇一年）、「オリーブの木」をシンボルとしたイタリアの中道左派政権（一九九六―二〇〇一年）、イギリス労働党のブレア政権（一九九七―二〇〇七年）、ドイツ社会民主党のシュレーダー政権（一九九八―二〇〇五年）などが次々に誕生した。

地球サミットを契機に、社会科学的な環境研究が勃興した。それまでのような環境汚染の原因、自然科学的なメカニズムの究明だけでなく、環境政策の有効性、環境にかかわる企業や人間の行動の変容の必要性が問われるようになってくると、環境法や経済政策に関する研究、人間の行動や環境意識などに関する社会学的な研究が要請されてくる。日本で環境社会学会に続いて環境経済・政策学会（一九九五年）、環境法政策学会（一九九七年）が発足した背景にも、このような同時代の動きがあった。環境研究の「第二の波」といえる。

環境研究の「第一の波」は一九七二年六月五日にスウェーデンのストックホルムで開催された「国連人間環境会議」を契機とするものだ。六月五日が「世界環境デー」。日本で「環境の日」とされているのはこの開会の日を記念している。国連でも日本でも、六月は環境月間とされている。

私が中学三年の折にテレビ同時中継を見た一九六九年七月二〇日（アメリカ現地時間）のアポロ一一号の月面着陸の成功は、皮肉なことに、宇宙開発熱を急速に冷まし、かけがえのない地球、足元の地球の環境保全へと人々の意識を大きく変える契機となった。地球のことを考えようという第一回「アースデー」が始まったのは、月面着陸からわずか九か月後の四月二二日のことだ。

国連人間環境会議には後述の宇井純らが胎児性水俣病の患者を連れて参加し、世界に衝撃を与えた。同会議では、人間環境宣言が採択され、アフリカのナイロビに国連環境計画（UNEP）が設立されることになった。

一九六〇年代の世界的な高度経済成長がもたらした負の側面への反省が強まり、環境問題が自覚されるようになった。日本では一九七一年四月環境庁が発足し、季刊の同人誌『公害研究』（現在『環境と公害』）が創刊された。

コンピューター・シミュレーションにもとづいて食糧危機・資源不足による危機の到来と地球の有限性を警告したローマクラブの『成長の限界』（Meadows et al. 1972＝1972）が発表され、大きな衝撃を与えたのも一九七二年である。

都留《つる》重人・宮本憲一ら経済学者、淡路剛久ら法学者が『公害研究』に集ってはいたが、環境研究の「第一の波」はおもに自然科学中心の環境研究だった。

†「環境社会学の母」飯島伸子

社会学的な公害研究のパイオニアは飯島伸子（一九三八―二〇〇一年）である。『恐るべき公害』（庄司・宮本 一九六四）にはじまり、文字通り金字塔的な大著『戦後日本公害史論』（宮本 二〇一四）に至る宮本憲一の仕事が、社会科学的な公害研究にはたしてきた役割はきわめて大きい。

飯島が公害研究を開始するのは、「第一の波」に先立つ一九六六年のことだ。一九九〇年五月の研究会発足時は、名前こそ知っていたが、お目にかかるのは二度目だった。一九八五年九月、片桐新自の結婚式の折、庄司興吉教授に紹介されて、簡単に挨拶して以来だった。環境社会学研究会発足の折、昼食会場への移動の際に、船橋たちと進めている六ヶ所村の研究などについて個人的に話をした。「電源三法交付金」が麻薬のような役割をはたしていることなどを説明すると、飯島も興味を持ち、前章でも述べたように、この共同研究に参加することになった。

一九九一年四月、飯島は東京都立大学に赴任し、環境社会学研究会、その後の環境社会学会の初代会長として文字どおり牽引役となった。女性研究者が学会創設に中心的な役割をはたした日本で希有な例である。女性学は別として、社会科学で他に類例があるだろうか。

二〇〇一年三月に定年で都立大学を退職。病を得て、同年一一月三日に六三歳の若さで逝去した。たまたま宮城県気仙沼市大島で、環境社会学会のセミナーを開催中だった。容体の悪化を伺っていた私たちは覚悟していたが、病状について初耳の者も多く、一同大きな衝撃を受けた。関礼子をはじめ、飯島はたくさんの弟子を輩出したが、いずれもわずか一〇年間の最晩年の都立大学時代の教え子である。飯島の学的生涯については、友澤悠季の好著『「問い」としての公害』(友澤 二〇一四)で詳しくたどることができる。京都大学出身の友澤自身は、生前の飯島と直接の面識がないという。

飯島の遺した研究資料や蔵書類は、船橋らの努力で、「飯島伸子文庫」としてデータベース化され、現在は、常葉大学草薙キャンパスの図書館に約四五〇〇冊の蔵書と約六〇〇〇点の調査資料などが所蔵されている（平林 二〇〇六）。『「問い」としての公害』は、独自のインタビュー調査とともに、この文庫を駆使して執筆されたものだ。

逝去の翌年、飯島の教え子の原口弥生、平林祐子とともに、所沢市郊外の飯島の墓に詣でた。墓石には生前自身が選んだ「輪」という一字が刻まれていた。自身の道行きを振返って、この文字を選んだのだろう。そこに込められていたのは、どんな思いだっただろうか。飯島の父は「朝鮮総督府鉄道局」の鉄道事務所長であり、飯島は一九三八年に現在の北朝鮮の金策市で生まれた（友澤 二〇一四、一四頁）。飯島は外地出身であることを誇りにしていた。敗戦によって八歳で父の実家のある大分県竹田市に引き揚げ、曲折を経て、社会学的公害研究の世界的先駆者となった。「飯島の研究は、前人未踏の領域に「道なき道を切り開き、その人の歩いた跡が道になる」というようなものであった」と、船橋晴俊は、飯島のパイオニアとしての先駆性と意義を讃えている（船橋 二〇一四、一九六頁）。

飯島が一九六七年一一月に東大の社会学研究室に提出した修士論文「地域社会と公害――住民の反応を中心にして」（飯島 一九六八）は、公害問題を社会学の視点から論じた世界初の学術論文だ。ダンラップらの環境社会学の提唱に約一〇年先んじていた。私たちは国際会議の折に海外の研究者に飯島を「環境社会学の母」と紹介した。そう呼ばれることを心から喜んでいた。

†宇井純と飯島伸子

この修論執筆前後の飯島と宇井純（一九三二―二〇〇六年）との交流および二人の生涯を、宇井の没後、対比的に論じたことがある（長谷川二〇〇七a）。

宇井は東大工学部の都市工学の助手でありながら、自主講座「公害原論」を一九七〇年から八五年まで一五年間主宰し、既成の権威を批判する全共闘世代のシンボル的存在として華々しく活躍した。一九八六年から定年で退職する二〇〇三年までは沖縄大学教授として沖縄の環境問題を鋭く提起・告発した。宇井はアウトサイダー的であり、地域住民から遊離した専門家のあり方や「専門性」に徹頭徹尾懐疑的だった。宇井は全国各地の住民運動に大きな影響を与えた。一匹狼的な告発とアドボケーター（主唱者）としてのカリスマ性に、宇井の真骨頂があった。

対するに飯島は決して声高ではなかったが、鳥越や舩橋らの助力を得て、結果的に組織者としても教育者としても大きな成功をおさめた。生前の飯島は、すぐれた先輩であり、同志であることに敬意を表しつつも、私との私的な会話では、宇井に対する評はいつも手厳しかった。一方宇井の方は終生、飯島を高く評価していた。宇井は破壊者的であったのに対し、飯島はすぐれて建設者だった。環境系の研究者を除くと、飯島の知名度はそれほど高くはないが、環境社会学の専門性を確立した点において、その貢献はきわめて大きい。

飯島は、化学会社勤務を経て修論提出当時二九歳の社会人大学院生だった。修士論文は、水俣や三島・沼津などでの現地調査をとおして、公害問題や被害の現実を社会学的な手法によって分析したものである。当時は、公害問題は社会学の研究テーマたりうるのかが問われていた。「公害問題を社会学的に把握するなどということが、この短かい期間で出来るのであろうか？　方法論は何であろうか？　修士論文のテーマとしては認められにくいのではないだろうか？　というのが、私をとらえていた不安であった」（飯島［一九六八］二〇〇二、三三四頁）。飯島自身、修士論文提出から半年後の時点で、『技術史研究』の会員通信欄でこのように述懐している。

自らの研究史をふりかえった、逝去八か月前の東京都立大学の最終講義で、飯島は、化学会社に勤務していた自分が、社内の技術者から現代技術史研究会に誘われ、その研究会のメンバーから、「社会学の分野からも災害や公害問題を研究していく人が必要だから、あなた、社会学の大学院に行って、研究者になって社会学の方からこうした問題を研究したらどうですか」と強く勧められたこと、「この時、要請されたことを私は今も約束事として律しております」と述べている（飯島［二〇〇一］二〇〇二、二九五頁）。一九六五年一一月に福武直の東京大学公開講座での講演「公害と地域社会」(福武　一九六六)を聴講したことを契機に、飯島は大学院に転じた。社会学的な公害研究者・飯島伸子の出発である。

†被害構造論の先駆性

こうした苦闘ののちに、社会学から飯島が学び、ようやく獲得した視点が、青井和夫らの「生活構造論」(青井ほか編　一九七一)から示唆を得た、公害被害を、身体的な影響だけでなく、生活構造全体に対する被害として総合的に把握するという「被害構造論」だった(『改訂版 環境問題と被害者運動』〔飯島 一九九三〕)。

飯島は家族関係や近隣との人間関係を含む、精神的・社会的影響を重視した。水俣病、カナダにおける水銀中毒、スモン病(キノホルム整腸剤による薬害)などの被害者調査を通じて、被害は身体的被害にとどまらないこと、しかも弱者に集中する傾向が強いことを明らかにした。飯島の被害構造論は、加害－被害関係の構造的連関、社会的弱者への被害の集中、被害の複合性などを実証した点において、バラード(Bullard 1994)などの「環境的公正論」の先駆けだったとみることができる。

二〇一一年三月の福島原発事故による避難者の生活の困難と心理的疎外・家族関係への影響は、飯島の被害構造論の再評価をもたらした(藤川 二〇一七)。

一九九八年七月、モントリオールの世界社会学会議の折、飯島は環境社会学の提唱者で「環境社会学の父」と呼ばれるライリー・ダンラップと初めて挨拶を交わした。満田久義、堀川三郎をまじえて、私たちは「環境社会学の母」と「環境社会学の父」との歴史的な出会いを祝して、一緒にイタリアレストランで愉快なディナーを楽しんだ。

一九九八年頃だったか、「この方は、私にどんどん反論するんです」と飯島がある方に私を紹介したことがある。一九九四年秋、『環境社会学研究』の創刊のタイミングをめぐって、早期刊行論の私は、慎重論の飯島と激論を交わして、何とか早期刊行を認めさせたことがある（長谷川 二〇〇二）。おそらくその折のことを念頭に置いたのだろう。一六歳年上の飯島から「どんどん反論する人だ」と形容されたことは、秘かな誇りでもある。

実際、一九九五年秋の『環境社会学研究』の創刊を機に、環境社会学会の会員数は一八一名から二〇〇五年の七〇五名へと急拡大した（現在は五百数十名）。

†日本の環境社会学の独自性

このような成立事情に規定されて、日本の環境社会学は国際的に見ても独自性が高い。日本の社会学には、国際的な影響を色濃く受けている分野が少なくないが、環境社会学はそうではない。『環境社会学研究』の過去二一六年間のバックナンバーを見ても、海外の研究動向を紹介した寄稿は非常に少ない。

日本で独自に編集した環境社会学の教科書は『環境社会学』（飯島編 一九九三）以来、合計八冊以上もある。世界で最も多い。このほかに海外の代表的な教科書を翻訳したものが一冊ある（Humphery and Buttel 1982=1991）。両者を比べてみるとよくわかるが、日本の環境社会学は、加害－被害関係を重視し、地域社会レベルを分析の焦点に据えて、研究方法としては質的なフィールドワークに依拠し、生活者の視点を重視するという特色がある。アメリカやヨーロッパの環境社会学では、主流の社会学との関係や社会理論との関連を重視し、人口・資源（食糧難）・エネルギー問題に力点を置き、マクロ的でグローバルな視点が強調されている。双方ともに、人間や社会と自然環境との関係・相互作用を考えている点は共通だが、力点の置き方はこのように大きく異なっている。

日本の環境社会学は、現実の公害問題や大規模開発問題に強く規定されてきた。反面、主流の社会学との関係やマルクスやウェーバーなどの社会理論との関連の考察が弱く、国際関係、人口問題、資源問題に関する業績、グローバルな研究や南アジア・アフリカ・ラテンアメリカなどに関する研究は少ない。気候危機に関する研究は国際的にはさかんだが、日本の環境社会学者による研究は池田寛二（二〇〇一）や筆者らの研究グループによるものに限られている（長谷川・品田 二〇一六、長谷川 二〇二〇）。

日本の環境社会学が欧米の環境社会学に与えたインパクトは残念ながらそれほど大きくはないが、韓国・台湾・中国・タイなどアジアの環境社会学には一定の影響を与えている。環境社会学会は創設の翌年一九九三年に、韓国・中国・フィリピン・タイ・インドネシアなどからもゲストを招いて「アジア社会と環境問題」国際シンポジウムを東京都立大学で開催した。二〇〇八年から、日本・台湾・韓国・中国の環境社会学者を中心に、隔年持ち回りで、この順番でホスト役となって、東アジア環境社会学国際シンポジウム（ＩＳＥＳＥＡ）を開催してきた。日本側では、寺田良一、堀川三郎らが熱心に盛り立ててきた。二〇一五年一〇月には私がホスト役となって、東北大学で第五回シンポジウムを開催し、イクスカーションとして、石巻市・女川町の被災地および女川原子力発電所を見学した。

とくに韓国の環境社会学会は、前身の環境社会学研究会（一九九五年に発足）に続いて二〇〇〇年に結成されたが、組織構成や活動内容など多くの点で、日本の環境社会学会をモデルにしている。

これらの国々と日本は、急激な経済成長にともなう開発圧力の強さと深刻な公害問題という問題状況を共有している。

†相次ぐ出版企画

二〇〇一年には飯島・鳥越・長谷川・船橋が編者となり『講座　環境社会学』全五巻（有斐閣）を刊行し、何とか全巻を飯島の病床に届けることができた。全執筆者四五名のうち、四四名が環境社会学会の会員だった。研究会のスタートからわずか一〇年余りで、これだけの執筆者を揃えられるぐらいの広がりを持ちえたのである。『第1巻　環境社会学の視点』（飯島ほか編　二〇〇一）『第2巻　加害・被害と解決過程』（船橋編　二〇〇一）、『第3巻　自然環境と環境文化』（鳥越編　二〇〇一）、『第4巻　環境運動と政策のダイナミズム』（長谷川編　二〇〇一）、『第5巻　アジアと世界——地域社会からの視点』（飯島編　二〇〇一）という五巻構成だ。タイトルだけを見ても、体系性がうかがえよう。これらの企画・編集をとおして、私自身も環境社会学の射程の広さと奥行きを実感した。鳥越皓之が中心になった『シリーズ環境社会学』全六巻（二〇〇〇—〇三年、新曜社）も刊行された。

二〇〇五年から〇六年にかけては、淡路剛久（環境法学）・川本隆史（環境倫理学）・植田和弘（環境経済学）と私の編集で、『リーディングス環境』全五巻（有斐閣）が刊行された。環境法学・環境経済学・環境倫理学・環境社会学の重要文献を精選したリーディングスだ。『第1巻　自然と人間』『第2巻　権利と価値』『第3巻　生活と運動』『第4巻　法・経済・政策』『第5巻　持続可能な発展』の五巻。『第3巻　生活と運動』が最も環境社会学と関連が深い。このリーディングスの企画・編集からは、環境問題をめぐる社会科学的な研究蓄積の厚みとともに、環境法学・環境経済学・環境倫理学との対比をとおして、環境社会学の特質を考察することができた。

短時日の間に、このような大部のシリーズを三種類も刊行できたのは、環境社会学や環境問題に関する社会科学的な研究が新たなマーケットとして、当時出版社にとっても魅力的に受け止められていたことを示している。学部や学科の新設の際も、「環境」は、「情報」や「福祉」「国際」などとともに、新しい柱として使われることが多かった。

地球サミットを機に、それまでの公害対策基本法と自然環境保全法に代わって、一九九三年に環境基本法が制定されたように、環境問題は複雑化・多様化し、グローバル化するようになっていた。

一九九八年からは請われて『環境と公害』の編集同人となり、宮本憲一・原田正純・淡路剛久・寺西俊一ら環境問題の研究者との交流が深まった。

四年に一回開催される世界社会学会議でも一九九四年以降、毎回報告するように心がけてきたが、国際社会学会の「環境と社会」研究分科会の常連となり、海外の主要な環境社会学者との交流も深まりはじめた。

こうしていよいよ環境社会学の専門家としての自分を意識するようになった。

二〇〇七年から〇九年にかけて環境社会学会会長を、二〇一四年から一八年にかけては、アジア人としては初めて「環境と社会」研究分科会の会長を務めた。

†社会と環境――システムとその外側

環境社会学の研究対象は、欧米でも日本でも、環境と社会との間の相互作用とされている。環境社会学が提唱されるまで、社会学の研究対象は、長い間、社会関係・社会集団・地域社会・全体社会など、社会的な諸要素、社会システムの内部的な諸要素に限られてきた。冒頭でも述べたように、社会的なものの自律性が、社会学の大前提である。例えば、都市と農村の人間関係のあり方はひどく異なるが、それは双方の自然環境の相違に規定されているのではなく、都市という流動的な社会と、農村という固定的な社会のあり方の相違によって規定されていると社会学者は考える。和辻哲郎の『風土』（和辻［一九三五］一九七九）に代表される、東アジアのモンスーン型気候が日本社会を規定していると考えるような、風土が人間に影響するという見方は、社会学的な見方とは大きく異なる。

しかし私たちの社会のあり方も、農林水産業などのなりわい、食糧、景観、地形や地質、河川や湖沼・海洋、山、森林、気象、時間・空間等々、さまざまな自然環境的な諸要素・諸条件に大きく規定されていることは否定できない。決してそこから自由ではありえない。産業社会は、一見自己コントロール能力を高めたかのように見えるが、私たちがコントロールしえない問題として直面しているのが気候危機などの環境問題や自然災害である。また社会の側が、自然的な諸要素・諸条件にどのように働きかけ、共存してきたのか、そのことの現代的な意義を学びとる必要がある。

そもそもダンラップらが環境社会学を提唱した問題意識には、従来の社会科学が有する、人間を特権視する人間特例主義的な前提への批判があった。(1)文化をもつ人間は、動物とは異質な存在である。(2)技術を含む社会的・文化的要素が重要である。(3)生物・物理的環境は重要ではない。(4)人類は無限に進歩しうる。したがって、あらゆる社会問題は究極的には解決可能であるという四つの前提である。これをダンラップらは、「人間特例主義パラダイム（Human Exemptionalism Paradigm）」と呼んだ。これと対置したのが、「新生態学的パラダイム（New Ecological Paradigm）」である。(1)人間もまた生態系内の存在の一つであり、生態系との間で相互依存しあっている。(2)意図しない結果が重要であり、人間は万能ではない。(3)生物・物理的環境は有限であり、人類は無限に成長できるわけではない。(4)とくにエントロピーなどの生態学的法則の限界を超えることはできない。ダンラップらは、環境問題の社会学的な分析にとどまらない、新生態学的パラダイムにもとづく新しい学問として環境社会学を提唱した（Catton and Dunlap 1978=2005）。

ダンラップらの人間特例主義批判自体は、人間中心的なものの見方に根本的な疑問を投げかけるなど、きわめて興味深いが、新生態学的パラダイムにもとづいて提唱された新しい学問の内実は必ずしも明確ではなかった。バトルが批判するように、スローガン倒れであり、新生態学的パラダイムによって、見るべき実質的な成果がどれだけあがっているのかは疑わしい（Buttel 1987）。実際、ダンラップらのおもな研究テーマは環境意識の国際比較だが、それは既存の社会意識研究の環境意識版にとどまっている。ダンラップらに社会意識に関する独自の研究方法があるわけではない。

†ローカル・コモンズ

近年日本の環境社会学で興味深い論考が目立つのは、宮内泰介編『コモンズをささえるしくみ』（宮内編 二〇〇六）、井上真編『コモンズ論の挑戦』（井上編 二〇〇八）などに代表される環境社会学的なローカル・コモンズに関する実証的研究である。

過剰利用によって全員が共倒れするという「コモンズ（共有地）の悲劇」に対して、「幸福なコモンズ」と呼ばれるように、日本の入会地など、伝統的なコモンズではたくみな規制が働いて、資源の過剰利用を防ぎ、環境保全的である場合が多い。宮内・井上らの研究は、生活文化に着目する鳥越皓之・嘉田由紀子らの生活環境主義の問題意識を受け継ぎつつ発展させたものと見なすことができる。コモンズ研究は、国際的にはノーベル経済学賞を受賞したオストローム（Ostrom 1990）に代表される経済学者、環境政策の研究者、人類学者などによって学際的に取り組まれてきたが、なぜか、海外の環境社会学者はあまり論じていない。日本の環境社会学に特徴的なトピックである。

コモンズ研究がこれまで、過剰利用（overuse）の抑制という観点から行われてきたのに対し、最近では、耕作放棄地、空き家、里山の荒廃など、過少利用（underuse）による環境問題が深刻化している。これらは所有権者が複数存在したり、所有権者が確定しないことなどによって、資源を利用するための合意形成が困難な「アンチ・コモンズの悲劇」として分析できる。細分化された資源の共有化や共同利用の促進をはかり、アンチ・コモンズ状態への移行を抑止しようという研究が始まっている。

†人新世――新しい地質学的時代

『人新世の「資本論」』（斎藤 二〇二〇）によって、日本でも一躍脚光を浴びるようになった「人新世《じんしんせい》（Anthropocene）」に関する環境社会学的な論考は、日本では、池田寛二（二〇一九）などにとどまり、今後の展開が俟たれる。人新世は、二〇〇〇年代に気候学者や生態学者などの地球システム科学の研究者たちが提唱し始めた、新しい地質学上の時代区分である。その始まりは、一七八四年のワットによる蒸気機関の発明の年であり、産業革命の始まりの年である。人新世とは、温室効果ガスの濃度上昇にみられるように、地球環境への人類の痕跡・改変が、自然の力に匹敵するぐらい著しくなった時代である（Bonneuil and Fressoz 2016=2018）。産業革命時代以降の地球史を、人新世と規定しようという提案である。

気候危機の現代、まさに、人新世の地球の持続可能性が問われている。

†環境社会学第一世代と第二世代

私たちのような現在五〇代後半以上の環境社会学者は、まず社会学者としてトレーニングを受け、やがて環境問題や環境研究をおもな研究対象とするに至った者が多い。日本で環境社会学という言葉が普及し始めたのは三〇年前の一九九〇年以降だからだ。社会学者に研究者としての第一義的なアイデンティティがあり、次第に環境社会学者という新しい学問的アイデンティティを獲得するに至った。これが「環境社会学第一世代」の特徴である。

しかし環境社会学が制度化されて以降に研究を開始した中堅・若手の研究者の場合には、最初から環境社会学を学び、環境社会学以外の社会学の素養は相対的に乏しいというパターンをたどることになりやすい。そもそも社会学以外のディシプリンのもとで教育を受けてきた者も多い。彼らを「環境社会学第二世代」と呼ぶことができる。飯島伸子・鳥越皓之・舩橋晴俊や私のような第一世代の教え子たちが、第二世代の中心的な担い手だ。

第一世代の場合には、大なり小なり社会学と環境社会学との関係を、環境社会学とは何かを自問せざるを得なかった。飯島ほど深刻でないにしろ、環境問題に関する自分の研究が社会学的研究といえるのかどうかを常に問われてきた。

第二世代の場合には、環境社会学がすでに確立した分野として公認されており（社会学では、これを「制度化」と呼ぶ）、環境社会学の存在を前提として研究できる。環境社会学とは何かという問いはそれほど切迫した問いではなくなる。

第一世代は、「社会学的である」ことを内面化している。では第二世代ではどうか。

†環境社会学と社会学

私が吉田民人や富永健一らから学んだ社会学のコアともいうべき原理論的研究や「連字符社会学」のなかでも有力な都市社会学、家族社会学などと、環境社会学とのあいだの距離は相対的に遠い。そのため「環境社会学者」としてのアイデンティティと「社会学者」としてのアイデンティティは乖離しやすい。

むろん都市社会学、農村社会学、家族社会学などの連字符社会学の場合にも、都市や農村や家族という対象に、原理論的研究や理論社会学の知見を適用すれば、これらの連字符社会学が成立するというほど、事柄は単純ではない。学問が一般にそうであるように、社会学においても近年専門分化が著しく、それぞれの連字符社会学が独自の理論的・実証的発展を遂げ、自立化していく傾向が強い。

とくに環境社会学の場合には、エミール・デュルケームやマックス・ウェーバー、タルコット・パーソンズといった理論社会学上の巨匠たちの業績に自然環境や環境問題に関する発言や言及がきわめて乏しかったために、また既存の社会学の仕事の中に、環境社会学的な問題意識が乏しかったために、社会学のコア的な部分との距離が大きい。

環境社会学は、日本でもアメリカでも、農村社会学や地域社会学、社会運動論などを母体としている。環境社会学は社会学のメインストリームから生まれてきたのではなく、むしろ周辺的な場所から登場している。

既存の社会学と環境社会学との間の影響・被影響関係は乏しいというのが、この問題をレビューした海野道郎（二〇〇一）の結論だ。だが日本の場合も、農村社会学や地域社会学、社会運動論と環境社会学との接点は多い。

環境社会学が既存の社会学から何をどの程度学べるのか、学ぶべきか、という問いは、環境社会学の教育や研究活動において、既存の社会学との関係を相対的に重視していくのか、あるいは環境研究の社会学版として、環境研究の隣接学問分野との関係をより重視していくのか、という研究・教育の戦略とも密接にかかわっている。

また環境社会学の進展が、当初ダンラップらが企図したように、既存の社会学をどのように書き換えることができたのか、という大きな課題もある。実際、オランダのモルらのエコロジー的近代化論（Mol and Spaangaren 2000）は、アンソニー・ギデンズやウルリヒ・ベックらの再帰的近代化論に大きな影響を与えている。

†アイデンティティ・クライシスの危険

環境社会学と既存の社会学との距離が拡大するほど、環境社会学はアイデンティティ・クライシスに直面する危険性が高まる。例えば環境法学や環境経済学の場合には専門性の敷居は相対的に高い。これに対して、隣接分野の人々にとって、環境社会学はソフトサイエンス的で、専門性の敷居が相対的に低い。

このような方向が強まると、環境社会学はアイデンティティを拡散させ、根無し草的なものに堕する危険性がある。つまり環境に関する法学的でもなく、経済学的でもない、多様なアプローチと問題意識による、社会科学的・人文科学的研究の雑多な寄せ集めが、環境社会学の実態となってしまう危険性がある。アイデンティティをポジティブに規定できなければ、「○○的ではないアプローチ」として環境社会学が否定的に規定されてしまう危険性がある。環境社会学の場合、環境諸科学と社会学の狭間で、アイデンティティ・クライシスに陥る危険性は決して小さくない。

そもそも「環境」という概念自体包括性が高く、伸縮自在のゴムのような概念として用いられやすい。

†アイデンティティのありか――対象・方法・価値関心

では、環境社会学のアイデンティティをどこに求めればよいのだろうか。

それがどんな学問なのか、学問の性格は一般に、(1)対象ないし研究領域、(2)方法、および(3)価値関心（価値観と言ってもいい）の三つのレベルで規定できる。これらの独自性が高いほど、その学問は明確なアイデンティティをもっていることになる。

価値関心が学問の性格を規定しうるという言い方は、依然として「社会科学の中立性」を信奉するタイプの読者には説明が必要だろう。例えば「女性学」や「ジェンダー・スタディーズ」「マイノリティ・スタディーズ」などを規定しているのは、それぞれ「抑圧からの女性の解放」「既成のジェンダー役割からの女／男の解放」「抑圧からのマイノリティの解放」という価値関心だ。「マルクス経済学」にとっては、「人間解放」という価値関心がそのアイデンティティの重要な一部だった。

本来的に自省的（reflexive）な学問であるせいか、社会学者は、経済学者や法学者や心理学者などに比べて自分たちの学問的アイデンティティのありどころに懐疑的な傾向がある。既成の観念の上によりかかることなく、これでいいのだろうか、と自省する。社会学の対象はきわめて広く、さまざまな方法が競合しており、実証主義と理念主義など多様な社会学観が共存しあっている。経済学の場合には「市場」という焦点があり、法学の場合には「権利」や「法」という焦点がある。それに対して社会学のアイデンティティの核心はどこにあるのだろうかと、社会学者は常に自問自答してきた。

環境社会学の場合には、(1)対象は限定的である。①環境問題、②環境と社会との相互作用、③人々の環境観や環境意識・環境文化、これらが環境社会学の主要な研究対象であることにおおむね異論はない。難しいのは「環境」を厳密に定義することだが、自然環境や「準自然」を中心に、町並みや歴史的建造物などのような歴史的環境や文化的環境を含むことについても合意されている。「準自然」というのは里山や水田に代表されるような人間が働きかけて、手を入れて維持している自然環境のことだ。原生林のような、純粋な自然環境は稀だ。私たちが「自然」とみなしているのは、ほとんどが「準自然」のことだ。

海外の環境社会学者は、町並みや歴史的建造物にあまり関心を持っていないが、日本の環境社会学には、堀川三郎（二〇一八）、森久聡（二〇一六）など、町並み保存問題と地元の保存運動に関する、長期の現地調査にもとづくすぐれた業績がある。

(3)価値関心も、相対的に明確である。環境問題の解決への貢献という志向や、エコロジズム（生態学的価値）への関心である。ダンラップらの「新生態学的パラダイム」にもとづく、従来の社会学総体を、また社会科学総体を批判し相対化する環境社会学という構想は、「新生態学的パラダイム」という価値関心によって、環境社会学を定義しようとする提案とみることができる。

では(2)方法はどうか。①社会学では行為論的視点というが、人間の営みや働きかけ、行動、主体性を重視する、②環境問題の発生している現場とフィールド調査を重視する、③居住者や生活者の視点を重視する、④問題の全体像の解明や全体関連的な理解への志向が強い、これらの特徴がある。ただしこれらは、環境社会学に限らない、「社会学的方法」や「社会学的研究」におおむね共通する特徴でもある。

価値・規範、問題の構造を規定する要因としての地域社会的条件や文化的条件、個人や家族・コミュニティの生活、住民組織・市民団体・NGO／NPO・社会運動などへの着目は、多くの社会学的研究で重視されてきた、社会学に独自の視点である。つまり、被害者・受苦者や住民・一般市民の立場やその意味世界を重視した社会調査の設計・実施能力と全体関連的な問題の把握の仕方にこそ、社会学の武器と特質がある。環境法学や環境経済学が技術論的で道具的であるのとは異なる、社会学らしい特質である。

以上をまとめると、環境社会学は、エコロジズム（生態学的価値）への関心にもとづいて、環境問題の解決への貢献をめざして、環境と社会との関係を、社会学的な方法で解明しようとする学問であるといえる。

†〈ダウンストリームの社会学〉としての環境社会学

教科書的にはこのように定義できる。しかしあまりにも一般的・抽象的すぎないだろうか。この定義を踏まえて、環境社会学のアイデンティティをさらにもう一歩明確化するために、私は、〈ダウンストリームの社会学〉としての環境社会学を提唱してきた（長谷川二〇〇三b）。

〈アップストリーム（上流・川上）〉と〈ダウンストリーム（下流・川下）〉は、水循環にはじまって、さまざまの分野で使われている。原子力発電の核燃料サイクルでは、ウランの採掘から燃料集合体に加工されるまでのプロセスがアップストリーム、原子炉で燃やされ使用済み核燃料となって以降の再処理や廃棄物処理のプロセスがダウンストリームと呼ばれる（高木　一九九一）。水循環の場合には、用水にかかわるアップストリームの問題と、排水にかかわるダウンストリームの問題がある。私は、核燃料サイクルでの用語法をヒントに一般化して、生産および流通過程をアップストリーム、消費されて以降をダウンストリームと呼ぶことにしたい。

経済学が典型だが、私たちは長い間、生産と流通にしか関心を向けてこなかった。消費することで経済的な価値はなくなると見なして、消費して以降のことは無視してきた。排泄物をトイレに流す。ゴミの収集日に所定のルールに従ってゴミを出す。それでおしまいと見なす。しかし本当におしまいだろうか。第二章で述べたように、東海道新幹線は高速・安全・確実に乗客を運ぶという点では、高く評価しうる。しかし沿線の住民が立ち上がり、異議申し立てを行い、裁判を提起するまで、彼らに騒音・振動を及ぼすことを真剣に考慮してこなかったという致命的な欠陥を抱えていた。航空機や自動車の騒音や排気ガスもほぼ同様だ。

物を燃やせば、二酸化炭素が出る。空気中に含まれるような通常の濃度では二酸化炭素は無害だ。だから長い間、私たちは大気中の二酸化炭素の濃度が少しずつ増えてきているという問題に頓着してこなかった。

同様に原子力発電から生み出される放射性廃棄物の問題にも無頓着だった。

このように考えてみると、現代社会が直面しているのはいわばさまざまな種類の「後始末」の問題である。ゴミにして出せば、トイレに流せば「おしまい」というのは幻想だった。ただ目の前から表面上消えてくれただけだ。

廃棄物のように、環境に負荷をもたらす負財（bads）、〈環境負財（environmental bads）〉こそが、現代社会が直面するさまざまな厄介な問題を引き起こしているのである。このように環境負財が排出され、処理される過程をダウンストリームと呼ぶことにしたい。生活全般に、アップストリーム、ダウンストリームという概念を適用し、「下流」の問題として公害問題を論じ、ごみ焼却場や下水処理場などを「下流施設」と位置づけた先駆的な研究に『ごみと都市生活』（吉村一九八四）がある。

負財という日本語は物質のイメージが強いが、ここでは騒音や振動などの環境負荷をもたらすエネルギーをも含むことにする。一般廃棄物や産業廃棄物、放射性廃棄物、騒音、振動はもちろん、ダイオキシンや環境ホルモン、温室効果ガスなども、環境悪化をもたらす環境負財である。開発行為が、歴史的景観や歴史的町並みを破壊し、自然海浜を破壊する場合は、開発行為そのものも環境負財的なものとして位置づけるべきである。したがって、環境負財は、環境に負荷を与える一切の物質・エネルギー・行為ということになる。

財（goods）は、英語のgoodsが示しているようにプラスの価値があり、有用で、相対的に稀少だから価格があり、人々が競って求めあう。それに対して、負財（bads）は嫌われ者・厄介者だ。誰も欲しがらないから、価格がない。経済的に価値がないから、長い間経済学から無視されてきた。

このように考えると、生産過程および生活過程から排出される〈環境負財〉をめぐる問題として、四大公害問題のような産業公害、新幹線公害のような高速交通公害、ゴミ問題や空き缶公害などの生活公害、今日の環境危機も統一的に捉えることができる。〈環境問題は、アップストリームとしての生産過程および生活過程が引き起こす、ダウンストリームとしての環境負財の排出・処理過程にかかわる問題である〉というのが、環境問題の新たな規定である。この論点からすると、従来の社会学が主として生産過程・生活過程というアップストリームに照準をあててきたのに対して、環境社会学は、ダウンストリーム問題としての環境問題やダウンストリームにかかわる環境文化に照準をあてる社会学であるということができる。

†廃棄物問題が提起するもの

四大公害問題に代表されるかつての産業公害は、「垂れ流し」的に廃棄物が環境に放出され続けたという意味で、意図的に「隠匿されてきた環境リスク」が先鋭に顕在化した問題だった。四大公害問題などの反省から政府や地方自治体は公害規制を強化し、事業者側は規制を基本的に受け入れることによって環境汚染のリスクは一定程度制御されるようになった。廃棄物の「安全で適正な」管理・処分を前提として、高度化した企業社会・消費社会が存立し続けるようになった。

しかし現代の産業廃棄物問題や放射性廃棄物問題、福島原発事故、気候危機が問うているのは、安全な社会と暮らしの前提たる〈環境リスクの管理〉自体の技術的・経済的・社会的困難さである。〈環境リスクの管理〉は、表面的には洗練されてきたように見えるが、そのツケが集中するダウンストリームの周辺部は、立地難と処分場不足、コンフリクトなどに恒常的に悩まされ続けている。第五章で述べたように、原発問題における青森県六ヶ所村はその典型だ。しかも末端部にいくほど、その内実は、不法投棄や原子力施設であい次ぐヒューマンエラー的なトラブルを必然化させるような構造になっている。しかもグローバル化とともに、ダウンストリームの末端として、途上国の周辺部が狙われ、周辺部に環境負財が押しつけられる。現代社会は、産業廃棄物と放射性廃棄物、二酸化炭素の大量排出によって支えられてきたが、今や行き場のない廃棄物や大気中の二酸化炭素濃度の増大がもたらす環境リスクによって掘り崩されようとしている。

福島原発事故によって生み出された厖大《ぼうだい》な除染土（第六章章扉写真）、事故にともなう核燃料デブリ（溶融固化物）、がれき・建屋などの原子炉施設内外の放射性廃棄物、汚染水などもまた厄介な環境負財である。

†ダウンストリームとアップストリームの循環・統合を求めて

環境問題の社会学は、加害論、被害論、運動論、政策論から構成される。環境問題や環境政策にかかわる社会諸科学の中でも、政策論に偏重しがちな環境経済学や環境法学に対して、環境社会学は、全体関連的な認識やフィールド重視・生活者重視の志向性を特徴とするだけに、ダウンストリーム問題への感受性はもっとも高いといえる。加害論はアップストリームの有責性を問う問題設定であり、被害論はダウンストリームの受苦へのまなざしである。

加害・被害と政策とを媒介するのが、環境運動であり、環境問題や環境保全にかかわる社会運動である。環境運動はダウンストリームの側からの異議申し立てであるともいえる。「一九六〇年代後半の環境運動がなかったならば、環境社会学はおそらく出現していなかったであろう」(Humphrey and Buttel 1982: 7 = 1991: 8) といわれる。アメリカの場合にも、日本の場合にも、環境運動の研究は、環境社会学において重要な位置を占めている。公共政策などが地域住民や地域社会にどのような影響をもたらすのか、どのような環境破壊をもたらすのか。それに対して住民運動や市民運動、環境NGOは、どのような論理とプロセスをたどって異議申し立てを行い、対抗するのか。ダウンストリームに焦点をあてた被害論と運動論が、従来の環境社会学の主戦場だった。

今日、川崎市・大阪市西淀川地区・倉敷市水島地区・福岡市・北九州市・水俣市など、かつて深刻な公害被害に悩んだ地域で、「環境再生」をめざす運動が、市民や自治体のイニシアティブで展開されている。公害対策の強化とともに、環境教育とリサイクル・緑化などに努め、環境ビジネスを育てることなどによって、ダウンストリーム化からの脱却をめざす運動である。防衛的な異議申し立て運動に代わる提案型の新しい運動である。

政策論の次元では、環境経済学や環境法学に対して、環境社会学はこれまで遅れをとってきた感がある。

運動論と政策論の交点にこそ、環境社会学独自の政策提案をなしうる可能性があろう。被害者の視点からの告発・抵抗に重点を置く被害論的な運動論は、今後も重要であり続ける。しかしそれだけにとどまらない、官僚や研究者が机上で考えたのではない、運動論的な政策論、生活者・当事者による日々の運動的実践に裏づけられた対案的な政策提案が求められている。

嘉田由紀子らが明らかにしてきたように、琵琶湖周辺の人々は、より下流の人々に汚れ水を流さない生活文化を大事に守ってきた。伝統的な地域社会では、アップストリームとダウンストリームは分離しておらず、循環し、双方は互いに可視的だった。例えば、日本では近世以降大正期頃まで、人糞尿は廃棄物ではなく、田畑への「下肥《しもごえ》」として重宝され、都市民と農村の人々との間で商品として取引されていた（湯澤二〇二〇）。

持続可能な未来を切り拓くためには、ダウンストリームとアップストリームを再び循環させ、システムとして統合していくことが肝要である。

第七章
持続可能な未来をつくる

キリバスで現地の環境団体とマングローブを植樹（2018年11月15日）

†二〇二〇年――持続可能な未来への分岐点

二〇二〇年は、英語では「twenty twenty」。リズミカルな響きだ。視覚的にも目立つ。区切りもいいから、さまざまな分野でメルクマール（指標）の年とされてきた。気候危機に関するパリ協定の実施開始年でもある（年度制の日本は二〇二〇年度から）。一九七〇年四月二二日の第一回アースデーから五〇周年でもあったが、記念行事は多くの国でオンライン開催となった。

結果的に、思いがけない新型コロナウイルスの大流行、世界的なパンデミックによって、二〇二〇年は人類全体にとって忘れがたい年となった。「災害の世紀」二一世紀を象徴するような日々が続いている。マックス・ウェーバー（一八六四―一九二〇年）がスペイン風邪による肺炎のために急逝してちょうど一〇〇年の年でもあった。

イギリスのEU離脱（二〇二〇年一月三一日）で幕が明けたが、二月以降、世界は未曾有のパンデミックに震撼させられることになった。東京オリンピック・パラリンピックも一年延期となった。アメリカ大統領選は、民主党のバイデン候補が接戦を制し、現職のトランプの再選は阻止された。

コロナ禍を契機に、在宅で仕事をするリモートワーク化、会合やイベント・大学の講義などのオンライン化が一挙に進んだ。海外でも、日本でも、大都市集中の弊害への反省も強まり、地域分散型の居住形態が再評価されつつある。

長い目で見ると、二〇二〇年は、「持続可能な未来」をめざすのか、「持続可能でない未来」への道を惰性的に歩み続けるのか、人類全体の分岐点となるだろう。端的には、エネルギー効率の高い、再生可能エネルギーを重視した脱炭素社会への転換をめざすのか、このまま原子力発電や石炭火力発電に頼ったエネルギー多消費的な社会を続けるのかという分岐点である。EUなどでは、コロナ禍からの経済再建の方途として、風力発電や太陽光発電など、持続可能な未来に向けた投資を重視する一群の政策が「グリーン・リカバリー」として強力に推進されている。

二〇二〇年一〇月、菅義偉《すがよしひで》新政権は、二酸化炭素の排出量と吸収量の差を実質ゼロにする二〇五〇年カーボン・ニュートラルをめざすことを宣言したが、この国の与野党の政治家たちは、将来の社会像をめぐる抜本的な分岐点に立っていることをどれだけ先鋭に、深く自覚しているだろうか。グリーン・リカバリーに関して、日本の政・財界の反応も、メディアの注目もきわめて鈍い。

†「裸の王様」からの転換

アメリカのトランプ大統領（当時）を見ていて、新しい「裸の王様」を思いついた。

無垢な子どもたちは正直に口々に叫ぶ。「大統領は裸だよ」と。大統領は片手を上げながら、微笑み返す。「わかっているさ。裸だよ。欲望丸出しだよ。それが何か。裸で、欲望に忠実で、腕っ節と金のある奴がお前ら弱者を黙らせる。何の問題があるのかね。大人になればわかるよ。万事、欲と金。君らもやがて金が欲しくなる。欲望に目がくらむ。ほぉら、私は正直だろう。裸は正直さのシンボルなんだよ。上品に服を着ている連中、着飾っている連中こそフェイクなんだよ」。

裸であることを恥じるアンデルセンの「裸の王様」に対して、トランプ版「裸の王様」は、裸であることに居直るのだ。このように欲望とエゴ剝き出しの「ポスト真実」の時代。薄っぺらで、空虚で、荒涼としている。既成のマスメディアや科学への反感・不信感を煽る反知性主義。ニヒリズム。グローバル化する経済のもとでの格差の拡大とSNSなどの発達が、価値の分断と亀裂をいよいよ深刻化させてきた。二〇一〇年代は世界各国でリベラリズムと普遍主義的な志向が退潮し、民主主義の危機が露わになった。「ポスト真実」や「もう一つの事実」が喧伝される時代の民主主義の危機は、一部の国にとどまらない、現代社会に共通する根深い構造的な問題である。各個人向けにパーソナル化されたフィルター（閲覧履歴などによって関心のあるサイトが優先的に提示される）によって、インターネットは、期待されたような双方向的な対話のメディアというよりも、意見の異なる他者を排除するための装置に変質してしまった。あたかも偏食の子どもがお気に入りのおやつだけ食べたがるように、人々はますます自分の見たい情報、気に入る情報にばかり接する傾向が強まっている。インターネット情報は栄養バランスを見失いがちである。

新聞も、紙媒体の場合には、幕の内弁当のようなものだ。堅い記事、柔らかい記事、各紙ごとの栄養バランスがある。大きな記事なのか、小さな記事なのか、紙面での扱いの大きさが記事の重みづけを教えてくれる。テレビのニュースも同様だ。テレビ局のニュースには各局ごとの重みづけがある。インターネットを介して読むデジタルの紙面では、重みづけは乏しくなり、基本的に同じ平板な扱いになる。その結果、読者は、小皿に盛られた一品料理を前に、見たい記事だけをつまみ食いする。

〈知性の復権〉は可能なのか。狭量な自国中心主義を超えるような、普遍主義な価値にもとづく新たな連帯を、私たちはどうやってつくりだすことができるのか。持続可能な未来に向けて、分断され、やせ細った公共圏への回路を、いかにして蘇生し再生させることができるのか。現代は、このような意味でも大きな分岐点にある。

†「持続可能性」という価値

私が持続可能性（sustainability）を強く意識するようになったのは、前章で紹介した『リーディングス環境』の企画・編集をとおしてだ。この第五巻は『持続可能な発展』と題され、「地球環境問題」「南北問題と環境」「成長と発展を問い直す」「新しい環境政策・手法の展開」「持続可能な発展とは何か」に関する論考が収録されている（淡路ほか 二〇〇六）。持続可能な発展をめぐる総合的な研究史を、この一巻を通じてたどることができる。

持続可能性という言葉が一躍脚光を浴びることになったのは、「持続可能な発展（sustainable development）」が、国連の「環境と開発に関する世界委員会（ブルントラント委員会）」のレポート『われらが共有の未来（*Our Common Future*）』（一九八七年）のキーワードとなって以降である。sustainable development は、「将来の世代の欲求を満たす能力を損なうことなく、今日の世代の欲求を満たしうるような発展」と定義されている。ブルントラント委員会と呼ばれるのは、委員長を務めたのがノルウェーの元女性首相ブルントラントだったからだ。

この委員会で、先進国側は持続可能性を強調し、途上国側は発展の権利を主張した。ある意味では両者間の妥協の産物として、持続可能な発展がキーワードとなった。しかし、環境か発展かという二分法的な対立を止揚しようとする概念でもある。最近よく使われるSDGsは「持続可能な開発目標」と略されることが多いが、このレポートの延長上にある。なお持続可能な発展は、経済発展の持続可能性を含意しているように誤解されることがあるが、これは経済界サイドからの意図的な歪曲というべきである。

フランス革命の直後に制定されたフランス国旗は、ポールの側から順に、青・白・赤の三色旗である。青は自由、白は平等、赤は博愛を示す。自由・平等・博愛は、啓蒙思想とその影響を受けたフランス革命のスローガンであり、近代社会の基本的な価値である。この三つが普遍的な理念だと長年信じられてきたが、これらだけでは、現世代中心的・人間中心的だという限界がある。自由・平等・博愛には時間軸が含まれていない。将来世代との関係という世代間倫理の視点が欠如している。生態系との関係も考慮されていない。南北問題への関心も弱い。

これらに将来世代との関係、南北問題などの世代内の公平性、自然との共生・生態系との関係を重視する持続可能性を加えた四つこそが、普遍性の高い現代的な価値と言うべきである。

人類が月面着陸に成功してから三年後、一九七二年に出版されたローマクラブの『成長の限界』は、大きな反響を引き起こした（Meadows et al. 1972＝1972）。長い間、人類は無限の成長が可能であるかのような幻想を抱いてきた。私たちが現在直面している気候危機、放射性廃棄物問題、産業廃棄物問題、ごみ問題、大気や土壌、河川・海水の汚染問題などは、いずれも、廃棄物に関わる問題であり、第六章で述べたようなダウンストリーム問題である。

私たちは今、地球の容量の限界、自然界の処理能力・吸収能力の限界を超えて、現代社会がこれらの廃棄物を生み出し続けているという問題に直面している。気候危機には、自然からの復讐という側面がある。

自然からの復讐で思い出されるのは、宮沢賢治の詩的世界だ。宮沢賢治の「注文の多い料理店」は、食べる側と食べられる側、注文する側と注文を受ける側との転倒というスリリングな関係を巧みに童話化している。コントロールしようとする側がじつはコントロールされている、という世界観は、宮沢の世界の独特の魅力を形作っている（宮沢［一九二四］一九八六）。コントロールすることの原理的困難さとそれでもコントロールしようとする努力を、宮沢は「グスコーブドリの伝記」（宮沢［一九三二］一九八六）などで、詩的に、イメージ豊かに描き出している。

†レジリエンスという第四の次元

持続可能性という概念にはこのように、将来世代との関係という世代間倫理だけにとどまらない、先進国と途上国との公平性という世代内倫理、自然の容量内での発展という生態学的倫理の三つの次元が指摘されてきた。災害大国日本から国際社会に対してアピールすべきは、さらに、災害への耐性・回復力（レジリエンス、resilience）という第四の次元である。

近年の台風やハリケーンの大型化・巨大化に代表されるように、気候危機によって巨大災害は日常化しつつある。感染症という新たなタイプの災害にも、人類は直面している。持続可能な社会であるための基本的な要件の一つは、災害に強い社会、災害に強いコミュニティをいかにして作り上げ、維持していくか、ということにある。ハリケーン・カトリーナからの復興過程や東日本大震災からの復興過程を実証的に研究した政治学者のアルドリッチは、回復力を規定する主要因として、「社会資本」と「ガヴァナンス」を指摘している（Aldrich 2012=2015; 2019=2021）。

社会資本は社会関係資本とも訳されるが、人々のつながりや社会的ネットワークを意味する。わかりやすく「絆」と言ってもいい。「ガヴァナンス（governance）」は、立法・行政・司法の三権に代表されるような機能的・制度的な「支配（government）」に対して、合意形成の実質的なプロセスそのものに焦点をあてた概念である。「共治」「参加型統治」などの訳語があてられることが多い。多様で多元的な主要な利害関係者（マルチ・ステイクホルダー）との協議・協働を重視し、利害調整と合意形成をはかるような枠組や管理のあり方をさす。「参加と討議による合意形成の民主主義」（坪郷 二〇〇六、二六頁）がガヴァナンスである。

近年、宮内泰介らは、環境問題の現場での知見をもとに、個別具体的な現場の文脈を重視し、硬直化を避ける、順応性をもった環境ガヴァナンス、「順応的ガヴァナンス（adaptive governance）」という実践枠組を提案している（宮内編 二〇一三、二〇一七）。

†SDGsの意義

ＳＤＧｓ（持続可能な開発目標）は、二〇一五年九月に国連で合意され、二〇三〇年までに達成をめざす一七の目標と一六九のターゲットからなる。総花的すぎる、脱原発が含まれていない、環境に負荷を与えている企業が免罪符的に「グリーン・ウォッシュ」として利用しているなどの批判も根強いが、国連のすべての加盟国が持続可能な地球をつくりあげていくことに合意し、各国政府や地方自治体・企業・メディア・学校・市民団体などが共同で前進に努力していることの意義はきわめて大きい。ＳＤＧｓはむろん万能な切り札ではないが、全世界が、今後一五年、めざすべき方向性を共有したのである。国連で合意した文書の表題は、「私たちの世界を変革する（trans-forming）」である。今こそ世界を変えなければならない、という危機感が、この文書の全面にあらわれている（UN 2015）。

前文などに掲げられた「誰も取り残さない（No one will be left behind.）」という理念も、公平な世代内倫理を示している。誰かを取り残してはいないのか、誰かを忘れてはいないのか、日々自問すべき問いだ。

スウェーデンのレジリエンス研究所のロックストロームが提唱する環境（生物圏）・社会・経済の三層のＳＤＧｓウェディングケーキ（図7－1参照）も興味深い。経済の発展は、社会的な条件によって成り立ち、社会は自然環境によって支えられていることを示している。環境あっての社会、社会あっての経済活動であることを巧み

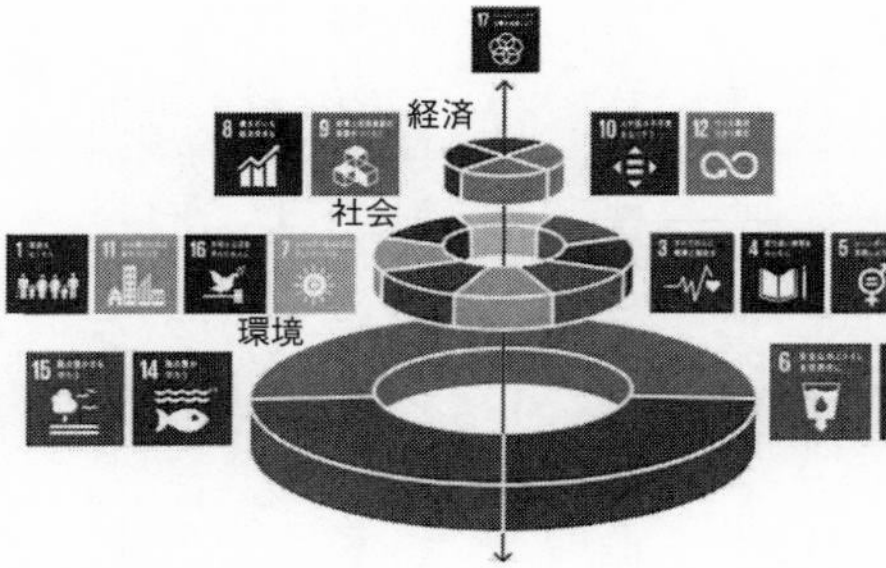

図7－1　SDGs ウェディングケーキ・モデル

に視覚化している。

民間の財団と研究者の協力で、SDGsの達成状況を指標化することも試みられている。二〇一九年時点で一位はデンマーク、二位はスウェーデン、三位はフィンランドと、北欧諸国が上位を占めている。日本は一六二か国中一五位。目標5のジェンダー、目標12の持続可能な消費と生産、目標13の気候変動対策、目標17のパートナーシップでの目標達成において大きな課題を残している（蟹江 二〇二〇、二二頁）。達成状況の指標化によって、進捗状況を国際比較によって客観視することができる。

†研究目標・課題としての持続可能性

持続可能な未来をつくるという明示的な目標を得たことで、これまで何を研究してきたのか、これから何を研究課題としていくのかという、私自身の社会学者としての旅路も、現在の立ち位置も、より明確なものになった。

何のための研究か、と問われれば、今こそ、持続可能な未来を切り拓くための研究です、と答えることができる。持続可能な未来は、研究者に大きな目標とミッション（使命）を与えてくれる。

本書でこれまで述べてきたような、持続可能性をめぐる私の研究の全体的な見取り図は、

図7－2のように示すことができる。

　そもそも持続可能な社会とはどのような社会なのか、持続可能であるための要件は何か。環境社会学者としては、環境と社会との関係に即して深掘りしていかなければならない。

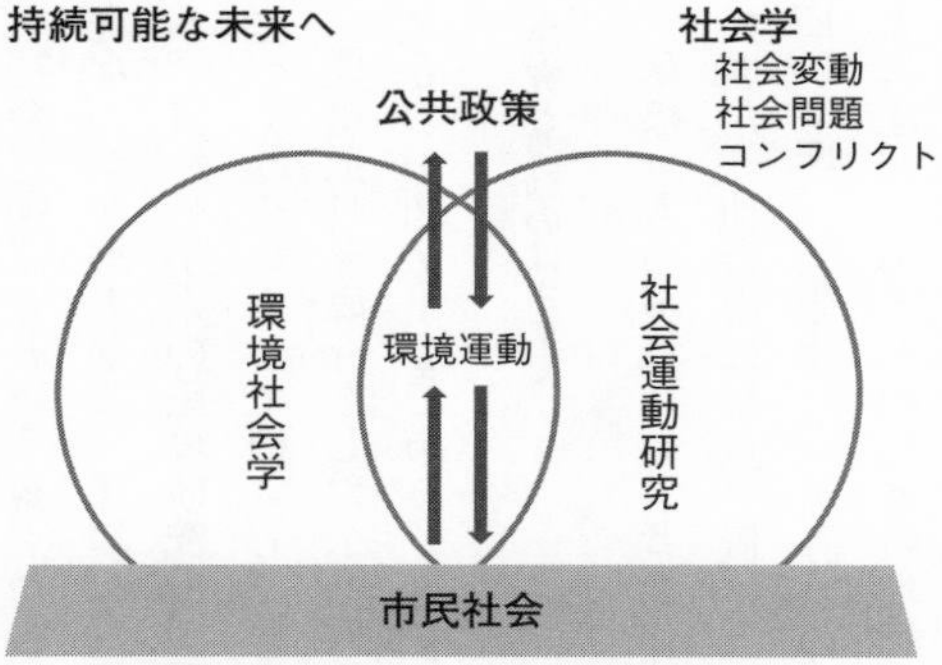

図7－2　持続可能性をめぐる研究の見取り図

　持続可能な社会に向けて、社会は本当に変動していけるのか、変革できるのか。社会変動研究という角度からは、社会の変動・変革の方向性、変動・変革のステップを探求すべきである。

　社会問題研究・コンフリクト研究という観点からは、持続可能性をめぐって、どのような社会問題が現出・紛争化するのかという問いがある。とくに本書で論じてきたような高速交通、エネルギー、気候危機への対応などをめぐる公共政策の動向が焦点となる。図中の上向き矢印で記したように、公共政策のあり方を規定するのが環境運動である。他方、公共政策のチェック、ときに異議申し立てとして、NGOなど環境運動からのリアクションがある。

社会運動研究という視点からは、持続可能な未来を切り拓く主体は誰か、どのような存在なのかが鍵となる。環境NGOのような主体を育む土壌として〈市民社会〉が注目される。自然科学系の環境研究や、環境経済学や環境法学、環境政治学なども、持続可能な社会づくりをめざして研究しているが、社会学的な研究の特色は、市民社会への着眼にある。

環境運動を媒介とした公共政策と市民社会との間のダイナミックな往還的な関係を示したものが図7－2である。

✝研究と運動のはざまで

私は一人の環境社会学者として、一市民として、環境運動や市民運動の実践にも関わってきた。仙台市に拠点を置く公益財団法人みやぎ・環境とくらし・ネットワーク（略称MELON、一九九三年に創設）の第二代理事長（二〇〇七年から）である。二〇一〇―一九年には、全国五九の地域の地球温暖化防止活動推進センターのネットワークである一般社団法人地球温暖化防止全国ネットの初代理事長を務めた。日本では、全都道府県に、都道府県ごとの地球温暖化防止活動推進センターがある。青森市・秋田市・長野市など、一二の市に市独自の地球温暖化防止活動推進センターがある。それぞれ地域の特色を活かして気候変動対策を進めている。

福島原発事故を契機に浮かび上がった新たな難題に、石炭火力発電所の問題がある。第二章でも述べたが、二〇一六年八月から、関西電力と伊藤忠商事の関連会社が仙台港に建設した石炭火力発電所に反対する住民運動のリーダーとなり、二〇一七年九月にはこの発電所の操業差止めを求める、地域住民一二四名による民事訴訟の原告団団長となった。日本初の石炭火力発電所の操業差止め訴訟であり、神戸製鋼などを相手どった神戸市での石炭火力差止め訴訟、東京電力と中部電力が出資する火力発電会社ＪＥＲＡが建設中の横須賀市での石炭火力差止め訴訟の先駆けとなった（長谷川 二〇一八）。二〇二〇年一〇月、仙台地裁判決は差止めを認めなかったものの、判決理由の中で、被告企業の公害防止協定「違反」を認め、この石炭火力発電所が運転を続ける限り、最善の公害防止対策を実施する社会的責任を負うことを付言した。地域で石炭火力発電所建設に反対する運動がそれぞれ「考える会」を名乗っているのは、二〇一六年一〇月、私たちが「仙台港の石炭火力発電所建設問題を考える会」と名づけたことを見習ったからだ。私たちの活動は、石炭火力発電所に反対する地域の運動の全国的なモデルとなってきた。

東日本大震災の津波被害の被災地に、ＰＭ２・５や、気候変動の原因となる二酸化炭素を大量に排出する石炭火力発電所をつくることへの義憤が、この活動の動機である。地域の足元の問題から逃げてはいけない、誰かがやらねばならない、という使命感も強かった。

このほか、高木仁三郎がつくった認定NPO法人原子力資料情報室の理事（二〇一五年から）などを務めている。

これらは、ささやかではあるが、運動仲間や地域の方たちに支えられての、持続可能な未来をつくるための実践活動である。

第三章に述べたような自らの社会運動論の有効性を、実践の中で、日々問われ続けている。

フレーミング・資源動員・政治的機会の活用、この三要素の重要性を実感し続けている。地域社会の中で支持をどう広げていくのか、会員をどう拡大し維持していくのか、地元メディアとの付き合い方、自治体との間合いの取り方等々。草の根保守主義的な地方議会のもとで、政治のルートに効果的にどう載せていくのか、という課題はなお大きな難問だ。

内部の人を論難せず、話をよく聞くことは、決定的に重要だ。「足なみのあわぬ人をとがめるな。かれは、あなたのきいているのとは別のもっと見事な太鼓に足なみをあわせているのかもしれないのだから」という、鶴見俊輔（鶴見［一九六〇］一九九一、一八五頁）が紹介した『森の生活』の著者ソローの言葉を、いつも肝に銘じている。

指摘されることは少ないが、研究の論理・倫理と運動の論理との微妙なズレという問題もある。往々にして、わかりやすさを前面に出そうとすると、メディア受けを狙い過ぎると、過度に情緒に訴えかけることになり「狼少年」に陥る危険がある。知的に誠実であろうとするほど、慎重な物の言い方になり、歯切れが悪い印象を与えてしまいがちだ。マックス・ウェーバーは「知的誠実さ」を強調したが、研究にとっては知の限界を意識することこそ重要だ。根拠をもって言えるのはここまでだ、という妥当性の限界を意識し続ける必要がある。誤っている可能性は否定できない。研究にとっては、根拠を常に疑い続けること、懐疑し続けることが重要だ。研究は醒めていなければならない。

他方、運動には、確信や信念という炎が必要だ。人々を燃え立たせ、奮い立たせなければならない。

研究の不十分さを「行動」でごまかしてはならない。他方で研究を口実に、現実から逃げることも許されない。

研究と行動の間にある、何重もの〈緊張関係〉に身を置いているという醒めた自覚が不断に求められている。

†日本の市民社会の限界

研究と実践をとおして、日本社会の持続可能性を高めていくための重要なキーワードとしてあらためて実感するのは、市民社会とコラボレーションである。東日本大震災と福島原発事故に直面して、少なからぬ人々が、今度こそ日本社会の再生だ、地域社会の本当の再生だと、夢見たはずだが、それにもかかわらず、この一〇年間で日本社会はどれだけ変わっただろうか。原子力政策・エネルギー政策・気候変動政策、なかなか変われない日本社会の壁がある。

福島原発事故の直接的な責任は東京電力の経営陣にあり、原子力保安院・原子力安全委員会と東京電力の癒着にも大きな問題があるが、構造的な背景の一つは、日本の市民社会の限界である（Hasegawa 2014）。

市民社会は、自由な諸個人が自発的に結ぶ契約にもとづく社会である。アメリカやヨーロッパで実感するのは、市民社会の歴史的厚み、裾野の広がりである。第四章で述べたように、住民投票による原発の閉鎖とその後の電力公社の再生は、「市民社会の勝利」でもあった。日本で残念なのは、市民社会的な伝統の相対的な弱さである。

市民社会の力という点で、日本は、韓国や台湾に大きく遅れをとっている。

韓国、台湾におけるリベラル派の政権奪取は、直接選挙による大統領制という制度的な要因も大きいが、いずれの場合も、社会運動を背景とした「市民社会の勝利」と捉えることができる。韓国と台湾では、米ソ冷戦構造を背景に、反共政策を掲げる開発独裁的な軍事政権が長く続いてきたが、国際的な冷戦緩和なども後押しをして、一九八〇年代後半、ほぼ同時期に急速に民主化が進展した。韓国は政党間の離合集散が多くやや複雑だが、韓国も台湾も、日本ほど多党化しておらず、保守政党と、民主化運動や労働組合などの市民社会側が支持するリベラル派政党との対決色が強い（長谷川二〇二〇a）。

日本でも、一九九三年八月の細川護熙《もりひろ》政権、二〇〇九年八月の鳩山由紀夫政権と二度非自民政権が誕生したが、いずれも総選挙での野党側の勝利による政権交代であり、とくに社会運動の高揚を背景に実現した政権交代ではない。先進国で例を見ない政権交代の乏しさもまた、市民社会の弱さを背景としている。

日本で、「市民社会の勝利」と呼べるような政治的出来事をはたして数え上げることができるだろうか。

そもそも日本の保守政治家には「市民」や「市民社会」という言葉に対するアレルギーが根強い。驚くべきことに、戦後七六年を経た今なお、「市民が」と、主語として「市民」という言葉が用いられている条文は、第三章で指摘したように特定非営利活動促進法（NPO法）の第一条に、同法の目的として「市民が行う自由な社会貢献活動としての特定非営利活動の健全な発展を促進し」とあるのみである。

衆院段階では「市民活動促進法案」だった同法は、参議院自民党保守派の抵抗で、この箇所を除いて「市民」という語が本文中から削除され、最終的に「特定非営利活動促進法」という名称になった（原田 二〇二〇）。その後名称変更が提起されたことも何度かあったが、本格的な争点には至らず、結局そのままで今日に至っている。仮に市民活動促進法だったならば、市民活動はさらに活性化したのではないか。自民党保守派は、ＮＰＯ法の成立と引き換えに、市民活動の一定の封じ込めに成功したといえる。

環境運動の組織力や政治的・社会的影響力も、日本よりも、韓国や台湾の方がはるかに大きい。韓国環境運動連合（ＫＦＥＭ、Korean Federation for Environmental Movements）は四三の地方支部と八万五〇〇〇人の会員を持つ。台湾環境保護連盟（ＴＥＰＵ、Taiwan Environmental Protection Union）は一一の地方支部と二〇〇〇人の会員を持つ環境運動の総合的な全国組織で、ともにリベラル政権の環境政策に大きな影響力を持っている。

残念だが、日本には対応する組織がない。日本の場合には原発、ダム問題など、イッシュー別の環境団体はあるが、総合的な全国組織はない。地方支部に足場をおいた環境運動団体もない。日本で最大規模の環境団体ＷＷＦジャパンの個人サポーター数は約四万三〇〇〇人にとどまる。

市民社会（civil society）は、英語でもいろいろなニュアンスで使われるが、government（政府機関）、industry（企業）との対比で、ＮＧＯ・ＮＰＯや市民団体などを総称してcivil societyと呼ぶ場合が多い。市民社会は単なる机上の概念ではない。学者だけの言葉ではない。NGO・NPOや市民団体という実体のある概念である。二〇〇四年六月ドイツのボンで開かれた再生可能エネルギー促進をめざす国際会議で、進行役のモデュレーターが、「では、続いてcivil societyの意見を聞きます」と仕切っていたのは、とても新鮮だった。

†コラボレーション

自由な諸個人が自発的に結ぶ契約にもとづく市民社会と親和的な概念が、私が一九九六年以来、提唱してきたコラボレーションである。「コラボ」という略語で日本語としても定着し、日常的に使われるようになってきた。テレビにもよく登場する。単なる協力関係や共同作業ではないというニュアンスで使われており、とくに誤用と感じることはないが、コラボレーションの正確な意味はどこまで自覚されているのだろうか。コラボレーションは英語では「協働、共同作業、共著」などを意味する日常語である。『オックスフォード英語辞典(*OED*)』は、「直接的な結びつきをもたない者と特定の目的のために協力する」というニュアンスが強い、と説明している。

社内での共同作業や、親会社と下請けの関係は、コラボレーションとは呼ばれない。通常の共同作業だからである。近代以降の絵画や小説は、一人の作者が描き、執筆する。共同で描いたり、執筆することは異例である。だからこそ、共同で描かれ、執筆される場合は、共作であることを強調してコラボレーションと呼ばれる。ジャズでは、あるトリオとピアニストが特別に共演する場合などに、コラボレーションと呼ぶ。歌舞伎俳優とバレエダンサーが共演するような越境的な場合も、コラボレーションである。通常の共同作業と異なる側面をもつ協働がコラボレーションである。

私は、〈複数の主体が対等な資格で、具体的な課題達成のために行う、非制度的で限定的な協力関係ないし共同作業である〉と規定すべきことを主張してきた（長谷川 一九九六、二四九頁）。コラボレーションであるためには(1)対等性と、(2)課題達成志向性、(3)越境性ないし領域横断性、(4)限定性が要請される。異業種や異分野という壁、企業とＮＧＯと政府・行政機関との間の壁、社会通念の壁、これらの制度化された壁を超えて、非日常的になされる越境的な、ないしは領域横断的な協働作業がコラボレーションである。これに対して、夫婦のパートナーシップというように、パートナーシップの場合には、持続的一体的な協力関係というニュアンスが強い。成果と達成、コストやリスクをチェックしつつ、是々非々主義的に、適度な距離感覚を大事にする一回ごとの協働作業こそがコラボレーションである。

コラボレーションにおいてもっとも重要なのは、異質な「他者」との出会い・協働作業による、創造的で自由な、柔軟な発想だ。コラボレーションが可能にするのは、多様な社会的実験である。対等な合意形成の前提には、意思決定過程への参加がある。参加・参画の場を保障しないところでは信頼感をもとにした合意は得がたい。コラボレーションは新たな創造と参画のモデルを提起している（長谷川二〇〇三c、一八三―七頁）。

私が理事長を務める公益財団法人みやぎ・環境とくらし・ネットワークは、地球環境基金の助成も得て、日本キリバス協会代表理事のケンタロ・オノ氏の仲介により、Kiri-CAN（キリバス環境アクションネットワーク）というキリバスの環境NGOと二〇一五年からコラボレーションを重ねてきたが、二〇一八年一一月に交流協定を結んだ。太平洋のサンゴ礁の島国キリバス共和国は、気候危機による海面上昇の影響などによって島の大半が水没し、今世紀後半には人々が住めなくなってしまうのではないかと危惧されている。世界の中で、まさに持続可能性という点でもっとも脆弱な国の一つである。第七章章扉写真のように、コラボレーションの一環として、私たちは地元の環境NGOが進める海岸線の侵食防止のためのマングローブ植樹を手伝った。

†市民社会と対話する〈公共社会学〉

社会学と市民社会との関係をあらためて提起したのは、二〇〇三年から〇四年にかけてアメリカ社会学会の会長を務めたマイケル・ブラウォイである。彼は、二〇〇四年のアメリカ社会学会大会の会長講演の中で、社会学は狭い意味でのアカデミックな社会学にとどまらず、公共社会学（public sociologies）をめざすべきことを説いた（Burawoy 2005）。シンクタンクのように、クライアントの注文に応じて仕事をする、従来の道具的な「政策的な社会学」のあり方を批判し、社会学が前提とする価値を「市民社会の防衛」と明示し、公共社会学を「市民社会と対話する社会学」と定義した。既成の「専門的な社会学」の自己閉塞性と、クライアント追従的な「政策的な社会学」の道具性を批判し、既存の「批判社会学」の限界を乗り越える、社会学の新しいあり方を「公共社会学」として提唱し、喝采を浴びた。国際的反響も大きかった。私は会場で、直接この講演を聴いた数少ない日本人社会学者だ。

公共社会学の提唱の背景にあるのは、アメリカの社会学の現状に対する危機感だった。

第一は、社会学の行き過ぎた専門分化・細分化と、アメリカの社会学の専門誌掲載論文にみられるような、過度に操作主義的で計量分析中心となった研究関心の閉塞化・研究の技術化への危機感である。

第二は、経済学・政治学・社会工学などとの対抗性である。これらの道具的な政策科学と異なる社会学の独自の存在理由、新しい学問的アイデンティティが公共社会学に求められている。既存の道具的・技術学的な政策科学の隆盛に対する、社会科学の世界の中での社会学の防衛という意義がある。

第三は、アメリカの当時の政治的保守化傾向（二〇〇一年から〇八年までは、息子のブッシュ政権下であり、「ネオコン［新保守主義］」が席巻していた）への危機感である。

第四は、近年のコミュニティ・サービス・ラーニング（Community Service Learning）運動からのインパクトである。この運動は、一九九〇年代以降、ミシガン大学などを中心に、市民活動などへの参与観察をとおして、学生が教室やキャンパス以外の場での、実体験をとおして学ぶ学習法として、アメリカの大学、とくに社会学に組織的に浸透してきた。

第五に、公共社会学運動を牽引しているのは、ブラウォイらのようにアメリカにおけるヴェトナム反戦運動世代、ベビーブーマーたちである。この世代の研究者は、引退目前の時期にさしかかっており、後続の世代および後続の学問のあり方への危機意識から、このような置きみやげを残そうとしていたとみることができる。

public sociology と言うとき、ブラウォイらが念頭においているのは、基本的には audience としての public（公衆）であり、市民社会の主人公である actor としての public でもあろう。日本の社会学や社会科学のこれまでの蓄積、遺産も、「市民社会との対話」という観点から再評価・再構成することができる。公共性や公共圏、市民社会について、とくに日本で論じられてきたのは、agenda（議題）およびangle（価値観点）としてのpublicであり、公共性問題だった。publicはこのように、audience, actor, agenda, angleとして四重に規定することができる。

ブラウォイらは、社会学と経済学・政治学・社会工学などとの対抗性を重視しているが、専門分化し閉塞化した既存の社会学・社会科学を横断的に媒介する営みとしての公共社会学の意義もあろう。とくにグローバル化とともに、多様性・多元性を急速に拡大していく現代社会において、相互の「対話」の可能性をひらく媒介役を果たしうる学問の意義は、いよいよ重大である。社会科学のなかでも、社会学は、このような対話の可能性の拡大と媒介性を特質とし、武器とすることができよう。

持続可能な未来を切り拓くための社会学は、公共社会学ときわめて親和的だ。そもそも社会学には以下のような特質があるからだ。

†社会学の特質

社会諸科学の中で、社会学的な思考法の特質は、次のような点にあろう。

第一に、視座の包括性・総合性である。他の社会科学は、市場や価格、公共投資、法、制度など、焦点が限定的である。総合的・包括的に捉えようとするところに社会学の特徴がある。

第二は、行為と構造の両義的相補的関係に着目する点である。創造的・創発的な営みに代表されるように人間の側が社会に対して能動的・主体的に働きかける側面と、人間の行動の仕方が法や制度・社会規範など、「社会（構造）」によって規定されている側面との両面に注目する。

第三は、価値・意味付与への関心である。「社会学的構築主義」と呼ばれる学派も存在するが、ウェーバー以来、社会学者の多くは、人間の側がさまざまな問題をどう意味づけるのかに、大きな関心を持ってきた。意味づけの前提にはそれぞれの価値観がある。

第四は、視点の相対化・異化への関心である。社会学者はしばしば自省的で懐疑的だ。微妙な意味のずれに敏感だ。本当にそうなのか。既成の観念やメディアのステレオタイプ的な報道を疑い、政府側の発表の一面性に敏感に反応する。

第五は、政策と運動の対抗関係に着目することである。本書で述べてきた私自身のおもな研究がそうだったように、高速交通網の整備、大規模開発、原子力施設など、国策的な公共政策から地域住民の生活を、地域社会をどう守るのか、政策と運動の対抗的な関係、コンフリクトに注目する。

持続可能性をめぐって、社会学のこれらの武器がどのように有効なのか、どのように活用しうるのかが、まさに問われている。

一八三〇年代、フランス革命から五〇年後に生まれた社会学は、発足当初から、近代市民社会・産業社会の自己認識の学という性格を強く帯びていた。社会学の約一九〇年の歴史は、刻々変動する現代社会が不断に生み出す社会問題の診断と克服、社会変動との格闘の歴史だったともいえる。

私たちは今、二一世紀前半の現代を生きている。アメリカの社会学者ミルズが「社会学的想像力」という言葉で提起したように、一人ひとりの無名の個人の歴史も、大きな社会変動、構造的変動との接点をもっている（Mills 1959=2017）。

ユートピア的な社会構想の時代は過ぎ、眼前のリスク回避に汲々とせざるをえない時代であるがゆえに、原理的でねばり強い反省的な思考の意義は大きい。

社会学的なまなざしを武器に、現実社会との対話をとおして、活き活きとした言説の公共空間を作り上げていこうとする努力こそが社会学の大きな課題と任務であり、魅力である。社会的現実がもちうるさまざまな意味の絶えざる再発見を通じて、持続可能な未来への構想力を育んでいくべきである。

†二〇二〇年生まれの子どもたち

コロナ禍の影響によって、二〇二〇年の日本の出生数は八七万二六八三人、史上最低を更新した（二〇二一年二月厚生労働省発表の速報値）。二〇二一年の出生数はさらに減って、七八・四万人台と予想されている（日本総研による）。第一次ベビーブームのピーク期（一九四九年）の二七〇万人の三分の一以下の出生数だ。

コロナ禍は少子化をさらに加速した。二〇二〇年は婚姻数も前年比一六パーセントの大幅減が見込まれているから、向こう数年間、出生数減はさらに深刻なものとならざるをえない。

二〇二〇年生まれの子どもたちは、二〇五〇年に三〇歳を迎え、二〇八〇年には六〇歳を迎える。二一〇〇年には八〇歳だ。彼らは二一世紀後半、どんな地球を目撃することになるのだろうか。さらに彼らの多くは、二二世紀をどのように体験するのだろうか。

私たちはいま眼前の課題への対応で手一杯だが、次世代のことを、さらにやがて生まれてくる世代のことをも、長期的な視点でとらえたい。

環境省は、国立環境研究所の協力を得て「二一〇〇年の天気予報」を発表している（YouTube で見ることができる）。二一〇〇年八月二一日（土）の仙台市の最高気温は四一・一度（気候変動対策が進まなかった場合）、もしくは三七・九度（気候変動対策が進んだ場合）と予測されている。四一・一度は、熊谷市（二〇一八年七月二三日に記録）や浜松市

（二〇二〇年八月一七日に記録）で記録された現在の日本の最高気温である。四七都道府県の県庁所在地の中で、八月の平均気温が低い仙台市ですら、これほどの猛暑になると予測されている。

一方、もっとも寒い時期の二一〇〇年二月三日（水）の仙台市の最高気温は二三・七度（気候変動対策が進まなかった場合）または二〇・五度（気候変動対策が進んだ場合）と予測されている。

地球全体の平均気温の上昇を産業革命前と比較して一・五度未満に抑えられるかどうかが焦点だが、すでに現時点で一度上昇している。あと〇・五度の上昇に抑えられるかが鍵だ。

暑い夏、さらに巨大化する台風、集中豪雨、極端化する気候、高温障害による米の不作、マラリアなどの熱帯の伝染病の流行など、気候危機によるさまざまなリスクを日常的に経験することだろう。

†気候危機とコロナ禍の類似性

二〇二一年四月末時点での新型コロナの累積感染者数は世界全体で約一億五〇〇〇万人、日本では約五九万人だ。二一世紀になってからのこの二〇年間だけでも、ウイルスによる感染症の流行は、今度の新型コロナ（COVID－19）で四度目である。全世界的な大流行となったのは、今回が初めてだ。

二〇〇三年三月から七月にかけて、SARSコロナウイルスが中国の広東省から広がった。七月に終息宣言が出されたが、三二か国で八〇〇〇人以上が感染した。SARSの症状は急激かつ劇症である。致死率（ある病気の罹患者が、その病気によって死亡する率）は九・六パーセントという。「急激な進行、そして高い致死率が、結局SARSウイルスの収束を早める結果となった」（黒木 二〇二〇、三二頁）とされる。感染者が次々に死ぬと、ウイルスは生きる場を失うことになるからである。しかもSARSの場合には、症状が出たあとで他者に感染させた。

COVID－19は、このSARSコロナウイルスと姉妹関係にある。COVID－19の場合には、致死率はSARSのほぼ半分だが、「軽症者が80％を占め、しかも、感染しても症状のないときにウイルスをまき散らす」（黒木 二〇二〇、三二頁）から、きわめて厄介だ。

二〇一四年にはエボラ出血熱が西アフリカで大流行した。タイム誌は二〇一四年の「時の人」に、医師・看護師など、エボラ出血熱と闘う人々を選んだほどだ。二〇一五年五月にはMERSコロナウイルスが中東諸国や韓国で流行した。ヒトコブラクダが感染源動物とみなされている。エボラ出血熱も、SARSコロナウイルスも、MERSコロナウイルスも、日本国内では感染者は確認されていない。

二〇二〇年生まれの子どもたち、無邪気に微笑む赤ちゃんを待ち受けているのは、気候危機と感染症という、世界規模でのリスクである。気候危機とコロナ禍は、現代社会が直面するコントロール困難な二大リスクと言える。言及されることは少ないが、次のような類似性がある。

第一に、両者はともに世界全体が直面する危機（global crisis）である。コロナ禍は短期的爆発的であり、気候危機の方は、二酸化炭素などの温室効果ガスの濃度上昇による累積的帰結であり、今後一〇〇年以上続く長期的な問題である。しかしいずれも、全世界が共通に直面している地球全体の危機である。

第二に、事態の改善のためには、情報の交換など、国際的な連携・協力が不可欠だ。

第三に、人類がこの二つの災厄からいつ脱出できるのか、「出口」が不確定だ。

第四に、ともに産業活動・日常生活のすべての局面に関連しているがゆえに、厄介である。

第五に、ウイルスも温室効果ガスも目に見えない。「不可視的（invisible）」だ。

第六に、それゆえ疑心暗鬼になりやすい。他者不信に陥りやすいという新たなリスクがつきまとう。自覚せぬままに、他者を感染させる、温室効果ガスを大量に排出し続けることになりがちである。ゲーム理論的に言うと、ルールを守らない非協力行動が可視化されにくく、当事者によっても自覚されにくい。

第七に、人類が自然を破壊してきたことにともなう問題の悪化という共通の構造がある。新型コロナの流行は、コウモリが持っていたウイルスに、何らかのルートで人間が感染したことに起因するとみられている。野生生物と人間との接点が広がってきたことが感染症のリスクを高めている。気候危機も、温室効果ガスの大量排出に加えて、アマゾンなどの熱帯雨林の大規模な破壊が問題を加速している。

このように現代的な災害・リスクとして共通の構造と特徴がある。

そして持続可能性をもっとも大きく激しく損なうのは、言うまでもなく戦争である。

†若者たちへ

大学教員として、三七年間学生と向き合ってきた。東北大学定年後に招かれた尚絅学院大学でも、あと数年程度は教鞭を執れる見通しだ。

毎四月新一年生を迎え、三月には卒業生を送り出してきた。二〇二一年度の大学一年生の多くは、二〇〇二年の生まれだ。東日本大震災を小学二年の三月一一日に経験した若者たちだ。
赤ん坊や若者にとって悲観的な見通しばかり記している印象を与えるかもしれない。しかしそれは、資源を浪費し、環境を汚染し、福島原発事故を招いた現在世代の一人としての反省を踏まえたものであり、次の世代に、より安全・安心で、より平和な地球を手渡す責務を痛感しているからである。

君たちの人生は、原発事故を体験したために、そうでない人よりも余計に悔しいこと、悲しいことが起こるかもしれない。でも、だからこそ深くものごとを考え、真実を見通せるということでもある。君たちは、自分の頭で考えることができる力を感じて生きてほしい。そして、自分自身を大好きでいてほしい。

第五章の冒頭で「私たちはいま、静かに怒りを燃やす東北の鬼です」という言葉を紹介したが、福島原発事故告訴団団長（事故を引き起こした当時の東電経営者らの刑事責任を問う訴訟の原告団）でもある武藤類子が、二〇一五年に福島県の高校生に贈った言葉だ。「絶望を受け入れるところから希望は生まれる」とも武藤は語る（武藤 二〇二一、五八頁）。
武藤のこの言葉の原発事故を、東日本大震災に、コロナ禍に、また気候危機に、置き換えることも許されよう。危機は機会・チャンスでもある。

実際、東日本大震災後の二〇一一年度以降、東北大学文学部の社会学研究室の学生たちが執筆する卒業論文は、震災や防災、地域再生などに真摯に向き合った、見違えるような力作が多かった。

若い世代の人々にこそ、日本の市民社会を活力あるものにし、コラボレーションによって、持続可能な未来を切り拓くための転轍手《てんてつしゅ》となってほしい。転轍機というのは、線路を分岐したり合流させたりして、車両を他の線路に導く切り換え装置のことだ。これを操作する人が転轍手だ。いわば社会変革の旗手である。

†一〇〇〇年後の滝桜

福島県三春町に「滝桜」と呼ばれる樹齢一〇〇〇年を超える見事なしだれ桜の名木がある(図7-3)。一〇〇〇年を超えてなお、文字どおり滝が流れるように、量感たっぷりの迫力ある花を毎年咲かせる。高さ一二メートル、幹周りは九・五メートル。三春町の名は、梅・桃・桜が同時に咲くことに由来する。この美しい名を持つ城下町のシンボルが滝桜だ。

今から一〇〇〇年前の日本は、栄華を謳われた関白・藤原道長の晩年であり、紫式部が源氏物語の執筆を開始して約一〇年程度が経過した頃である。道長は光源氏のモデルの一人とされ、真偽は定かではないが、紫式部は道長の恋人だったのではないかという説もある。

伊達政宗の正妻愛姫《めごひめ》は三春城主の田村家の姫君に生まれ、一〇歳で、この城下から政宗に嫁いだ。約四四〇年前、幼少期は毎春この桜を愛でていたはずだ。秀吉の小田原征伐の後、田村家は改易となり、伊達家の分家となって一関藩を治めることになった。

幕末の三春藩は、自由民権運動の活動家で、衆院議長も務めた河野広中を生み出している。

日清・日露戦争、太平洋戦争。出征した若者は、望郷の思いで戦地から故郷の滝桜を懐かしんだだろう。戦場から生還しえた若者は、この桜を見上げては、自らの幸運と帰還後の安寧を喜ぶとともに、この花のもとで、亡くなった戦友を偲《しの》んだに違いない。

図7-3　福島県三春町にある滝桜

三春町は、二〇一一年に原発事故が起きた福島第一原発から、真西に約五〇キロの地点にある。滝桜一〇〇〇年の歴史の中で、地域社会をもっとも大きな混乱に陥れたのが、この原発事故だ。前述の武藤類子はこの町で生まれ育ち、事故前は町内で「燦《きらら》」という名の里山喫茶を営んでいた。丁寧にアクを抜いたドングリを使ったドングリパンやドングリ味噌、ドングリカレーが人気メニューだったという（武藤二〇一二）。

一〇〇〇年間、地域の歴史のこもごもを、盛衰を、生と死のドラマを、黙って見守り続けてきた歴史の証人の桜だ。

滝桜を見上げるたびに思う。これから一〇〇〇年後も、私たちは、満開の滝桜を、後継の滝桜を見続けることができるだろうか。滝桜も問うているだろう。一〇〇〇年後も地球は持続可能なのか、と。

千年後地球やあらん滝桜　　冬虹

あとがき

本書は、二〇二一年二月二〇日に実施した東北大学教員としてのオンライン最終講義「持続可能な未来のために——社会学的な対話をもとめて」をもとに、書き下ろしの新書として再構成したものである（この講義は、YouTube でご覧いただくことができる。関心ある方は、「長谷川公一 +最終講義」で検索し、アクセスされたい）。本来は定年退職を目前にした前年の二月に大教室で行う予定だったが、コロナ禍により一年延期を余儀なくされ、しかも全面的にオンラインのかたちを取らざるを得なかった。しかし塞翁が馬というべきか、その結果、本書が生まれることになった。本書は新書版最終講義という一面も持っている。

最終講義では八つの柱を立てて、九〇分間で自分の研究史を振り返ったが、どうしても駆け足的なものにならざるをえない。八つの柱について丁寧に論じるには、あと八回分、シリーズでの最終講義が必要だと冒頭で述べたところ、終了後の感想の中に、「連続講座を是非」という声がいくつかあった。友人からも一冊の本になりますね、という感想がすぐに届いた。

二年越しで準備した最終講義を語り終えて、とてもスッキリした気分になった。研究者人生の棚卸しをしたようだった。次々と眼前に押し寄せる課題を夢中でこなしてきたとばかり思ってきたが、予想以上に一貫性が高かったのだということが実感できた。本書の章目次案は、その翌日にできあがった。第一と第二の柱は統合し、計七章構成とした。

恩師の吉田民人先生や兄弟子的存在の船橋晴俊さんをはじめ本来敬称を付けるべき方々が少なくない。しかし本文中に「先生」「さん」と、敬称なしの表記とが混在するのは、いかにも不自然だ。お名前については、敬称なしという原則で統一させていただいた。

オンラインで開催したことにともなって、研究室の卒業生、市民運動・環境運動の関係者の受講が多かった。通常の最終講義よりも、より「市民」向けの内容になった。一、二年生を対象とする教養部の教員から、大学教員としてのキャリアをスタートしたこともあって、私はもともと入門的な講義が好きだった。骨太のわかりやすい講義は、吉田民人先生から学んだ教えの一つでもある。

いつの日か、何らかのかたちで環境社会学の入門的な書籍を刊行したいと願ってきたが、最終講義をもとに「パーソナルな物語としての環境社会学入門」というユニークな新書を仕上げることができた。筑摩書房の松田健さん・田所健太郎さんは、本書のねらいを快く受け止めてくださり、より魅力的な作品になるよう助言を惜しまれなかった。

定年退職にあたって、私が主査を務め、博士の学位を取得し、中堅・若手研究者として活躍している教え子の方たち九名が協力して、『カタクリの杜をいく　長谷川公一教授の歩み』という記念の冊子（全八四頁）をつくってくださった。そこに、請われて「カタクリの杜をいく――環境社会学者への道」という二一頁の回想録を収録した。この回想録が、最終講義と本書の原型である。この冊子の編集にとくに尽力してくれた本郷正武君（桃山学院大学准教授）、青木聡子さん（名古屋大学大学院准教授）にお礼を申し上げたい。

直接的な契機は最終講義にあるが、内容的には、一九八四年一〇月の着任以来、長年東北大学で行ってきた講義をもとにしたものである。オンライン最終講義も、三十数年間の卒業生が大勢聴き入ってくれた。一番遠方からアクセスしてくれたのは、二〇一四年卒業で、現在アフリカのスーダンにある日本大使館に勤務する外務省職員の岡田篤旺君だった。

また二〇一九年九月に京都大学の大学院生と学部学生に対して「環境問題と社会運動の社会学」という表題で集中講義をする機会を得たが、その講義の経験も、自分の研究史を振り返るまたとない機会となり、本書の執筆に多いに役立った。集中講義にお招きくださった落合恵美子さんに深謝申し上げたい。

最終講義の直後に寄せられた感想にも大いに励まされた。

友人で、日本でただひとりのエコアナウンサーの櫻田彩子さんは、本書の企画に共鳴くださるとともに、「市民」代表として本書の全草稿を自主的に朗読してくださり、読みにくい箇所やわかりにくい箇所を逐一指摘くださった。本書が読みやすいかたちになっているのは、櫻田さんの大きな貢献である。

東北大学大学院文学研究科社会学研究室の永井彰先生、小松丈晃先生、田代志門先生、研究助手の磯崎匡さんにも、同僚として、また最終講義の準備等で大変お世話になった。深くお礼申し上げたい。とくにオンライン最終講義の準備・実施にあたっては、小松先生、青木聡子さん、磯崎さんにきめ細かなご配慮をいただいた。

新たな勤務先の尚絅学院大学の佐々木公明学院長、合田隆史学長、水田恵三副学長、田中重好先生を始めとする方々にも大きな励ましをいただいている。昨年度前期にオンラインで開講した「環境と社会」の講義も、本書の下敷きの一つだ。お互いに不慣れなオンライン環境のもとで、熱心に受講してくれた学生たちに感謝している。

あとがきを記しながら、あらためて、恩師の吉田民人先生・高橋徹先生・富永健一先生、環境社会学の飯島伸子先生や舩橋晴俊先生・梶田孝道先生のようなすぐれた諸先輩、研究仲間、友人たち、同僚や後輩、学生に恵まれた幸運な人生だったことを噛み締めている。

人生という旅路の伴侶、妻のまりか、息子の公樹にも、あらためて感謝を述べたい。いかに何人もの大恩人に助けられ、励まされて、ここまで辿りついたことだろう。

贈与と交換が社会を成り立たせている。研究・教育とともに、研究成果の発信、社会への還元こそは研究者がはたすべき基本的な贈与である。私が受け取ってきた恩師や先輩からのたくさんの大きな贈り物。それらを少しでもふくらませて、若い世代に手渡したい。本書もまた、ささやかではあるが、続く世代への贈り物のつもりである。

サンタクロースが世界中で愛されている理由も、「つう」が無心に機を織る木下順二の名作「夕鶴」の魅力も、愛の本質も、教育の本質も、贈与の無償性にあろう。

これからも健康と機会の許す限り、研究と教育という贈り物、社会への贈り物を届けていきたい。

人生そのものに定年がないように、学問や研究の営みにも「定年」の二文字はない。耕すべき大地、訪ねるべき現場、投げかけるべき問いは無数にある。持続可能な地球をつくるために、ともに智恵を振りしぼり、対話を重ねていきたい。

学問に定年はなし春の土　　冬虹

二〇二一年四月二二日　第五一回アースデー

長谷川　公一

www.renewable-ei.org/activities/reports/img/20170614/20170614_JapanWindPowerCostReport.pdf　2021年4月22日閲覧).
庄司光・宮本憲一 1964『恐るべき公害』岩波書店（新書).
高木仁三郎 1991『下北半島六ヶ所村核燃料サイクル施設批判』七つ森書館.
富永健一 2011『社会学わが生涯』ミネルヴァ書房.
友澤悠季 2014『「問い」としての公害——環境社会学者・飯島伸子の思索』勁草書房.
鳥越皓之編 2001『講座 環境社会学　第3巻　自然環境と環境文化』有斐閣.
鳥越皓之・嘉田由紀子編 1984『水と人の環境史——琵琶湖報告書』御茶の水書房.
辻内鏡人・中條献 1993『キング牧師——人種の平等と人間愛を求めて』岩波書店（新書).
坪郷實 2006「参加ガバナンスとは何か」坪郷實編『参加ガバナンス——社会と組織の運営革新』日本評論社, 13-29.
鶴見俊輔［1960］1991「いくつもの太鼓のあいだにもっと見事な調和を」『鶴見俊輔集9　方法としてのアナキズム』筑摩書房, 185-199.
梅棹忠夫 1969『知的生産の技術』岩波書店（新書).
海野道郎 2001「現代社会学と環境社会学を繋ぐもの——相互交流の現状と可能性」飯島伸子・鳥越皓之・長谷川公一・舩橋晴俊編『講座 環境社会学　第1巻　環境社会学の視点』有斐閣, 155-186.
United Nations 2015 *Transforming Our World: The 2030 Agenda for Sustainable Development*,（https://sdgs.un.org/publications/transforming-our-world-2030-agenda-sustainable-development-17981　2021年4月22日閲覧）
和辻哲郎［1935］1979『風土——人間学的考察』岩波書店（文庫).
米本昌平 1994『地球環境問題とは何か』岩波書店（新書).
吉田民人 1974「社会体系の一般変動理論」青井和夫編『社会学講座1　理論社会学』東京大学出版会, 189-238.
吉見俊哉 2020『大学という理念——絶望のその先へ』東京大学出版会.
吉村功 1984『ごみと都市生活——環境アセスメントをめぐって』岩波書店（新書).
吉岡斉 2011『原発と日本の未来——原子力は温暖化対策の切り札か』岩波書店.
湯川秀樹 1960『旅人』角川書店（文庫).
湯川秀樹 2017『湯川秀樹　詩と科学』平凡社.
湯澤規子 2020『ウンコはどこから来て、どこへ行くのか——人糞地理学ことはじめ』筑摩書房（新書).

書房［文庫].）
宮本憲一 1982「社会資本論の今日的意義」宮本憲一・山田明編『公共性を考える1　公共事業と現代資本主義』垣内出版，13-53.
宮本憲一 2014『戦後日本公害史論』岩波書店.
宮内泰介編 2006『コモンズをささえるしくみ』新曜社.
宮内泰介編 2013『なぜ環境保全はうまくいかないのか――現場から考える「順応的ガバナンス」の可能性』新泉社.
宮内泰介編 2017『どうすれば環境保全はうまくいくのか――現場から考える「順応的ガバナンス」の進め方』新泉社.
宮沢賢治［1924］1986「注文の多い料理店」『宮沢賢治全集 8』筑摩書房（文庫）.
宮沢賢治［1932］1986「グスコーブドリの伝記」『宮沢賢治全集 8』筑摩書房（文庫）.
宮澤節生 1994『法過程のリアリティ――法社会学フィールドノート』信山社出版.
Mol, Arthur P. J. and Gert Spaargaren 2000 "Ecological Modernisation Theory in Debate: A Review," *Environmental Politics*, 9-1, 17-49.
森久聡 2016『〈鞆の浦〉の歴史保存とまちづくり――環境と記憶のローカルポリティクス』新曜社.
村上篤直 2018『評伝小室直樹　上』ミネルヴァ書房.
武藤類子 2012『福島からあなたへ』大月書店.
武藤類子 2021『10年後の福島からあなたへ』大月書店.
中村亮嗣 1977『ぼくの町に原子力船がきた』岩波書店（新書）.
中野不二男 2002『湯川秀樹の世界――中間子論はなぜ生まれたか』PHP研究所（新書）.
おひさま進歩エネルギー株式会社 2012『みんなの力で自然エネルギーを――市民出資による「おひさま」革命』南信州新聞社出版局.
Olson, Mancur 1965 *The Logic of Collective Action*, Cambridge: Harvard University Press.（＝1983 依田博・森脇俊雅訳『集合行為論――公共財と集団理論』ミネルヴァ書房.）
Ostrom, Elinor 1990 *Governing the Commons: The Evolution of Institutions for Collective Action*, Cambridge: Cambridge University Press.
Ritzer, George ed. 2007 *The Blackwell Encyclopedia of Sociology*, Malden, Mass., Wiley-Blackwell.
斎藤幸平 2020『人新世の「資本論」』集英社（新書）.
佐藤郁哉 2019『大学改革の迷走』筑摩書房（新書）.
沢田謙 1960『世界偉人伝全集　第21巻　湯川秀樹』偕成社.
島秀雄 1964「新幹線の構想」『世界の鉄道 '65』朝日新聞社，145-147.
清水幾太郎 1959『論文の書き方』岩波書店（新書）.
自然エネルギー財団 2017『日本の風力発電コストに関する研究』（https://

ライフコースの社会学』岩波書店，11-27.
井上ひさし 1984「日本人のへそ」『井上ひさし全芝居　その一』新潮社，83-158.
梶田孝道 1978「テクノクラートの思考様式――「大蔵官僚」の場合を中心にして」吉田民人編『社会学』日本評論社，231-266.
梶田孝道 1979「紛争の社会学――「受益圏」と「受苦圏」」『経済評論』28-5, 101-120.
金子勇・長谷川公一 1993『マクロ社会学――社会変動と時代診断の科学』新曜社.
金子勇・長谷川公一企画監修 2001-17『講座社会変動』（全10巻）ミネルヴァ書房.
片桐新自 1983「「資源動員論」私論――塩原論文への応答」『社会科学の方法』166, 10-15.
鎌田慧 1991『六ヶ所村の記録』（上・下）岩波書店.
『環境と公害』2019「特集①　リニア新幹線事業中間評価の必要性」『環境と公害』49-2, 2-38.
蟹江憲史 2020『SDGs（持続可能な開発目標）』中央公論新社（新書）.
金成隆一 2017『ルポ　トランプ王国――もう一つのアメリカを行く』岩波書店（新書）.
金成隆一 2019『ルポ トランプ王国 2 ――ラストベルト再訪』岩波書店（新書）.
黒木登志夫 2020『新型コロナの科学――パンデミック、そして共生の未来へ』中央公論新社（新書）.
Lipsky, Michael 1968 "Protest as a Political Resource," *American Political Science Review*, 62, 1144-58.
真木悠介 1977『現代社会の存立構造』筑摩書房.
丸山眞男［1949］2015「軍国支配者の精神形態」『超国家主義の論理と心理　他八篇』岩波書店（文庫），141-213.
McAdam, Doug 1982 *Political Process and the Development of Black Insurgency 1930-1970*. Chicago, University of Chicago Press.
McAdam, Doug 1996 "Conceptual Origins, Current Problems, Future Directions," McAdam, Doug, John D. McCarthy and Mayer N. Zald eds., *Comparative Perspectives on Social Movements: Political Opportunities, Mobilizing Structures, and Cultural Framings*, Cambridge: Cambridge University Press, 23-40.
Meadows, Donella H., Dennis L. Meadows, Jørgen Randers and William W. Behrens III 1972 *The Limits to Growth*, New York: Universe Books.（=1972 大来佐武郎監訳『成長の限界』ダイヤモンド社.）
Mills, C. Wright, 1959 *The Sociological Imagination*, New York, Oxford University Press.（=2015 伊奈正人・中村好孝訳『社会学的想像力』筑摩

長谷川公一編 2020『社会運動の現在――市民社会の声』有斐閣.
長谷川公一・舩橋晴俊 1985「新幹線公害問題とは何か」舩橋晴俊・長谷川公一・畠中宗一・勝田晴美『新幹線公害――高速文明の社会問題』有斐閣, 1-60.
長谷川公一・舩橋晴俊・畠中宗一 1988「東北・上越新幹線の建設と地域紛争」舩橋晴俊・長谷川公一・畠中宗一・梶田孝道『高速文明の地域問題――東北新幹線の建設・紛争と社会的影響』有斐閣, 43-80.
長谷川公一・品田知美編 2016『気候変動政策の社会学――日本は変われるのか』昭和堂.
長谷川耿子 2004『やまがた俳句散歩――山寺・最上川・月山』本の森.
橋爪大三郎・志田基与師・恒松直幸 1984「危機に立つ構造 - 機能理論――わが国における展開とその問題点」『社会学評論』35-1, 2-18.
平林祐子 2006「「飯島伸子文庫」開設――環境社会学の歴史と発展を辿るアーカイブ」『環境社会学研究』12, 178-185.
平田仁子 2020「日本における気候変動・地球温暖化に関する意識」『環境情報科学』49-2, 47-52.
堀川三郎 2018『町並み保存運動の論理と帰結――小樽運河問題の社会学的分析』東京大学出版会.
Humphrey, Craig R. and Frederick H. Buttel, 1982, *Environment, Energy, and Society*, Belmont: Wadsworth.（=1991 満田久義・寺田良一・三浦耕吉郎・安立清史訳『環境・エネルギー・社会――環境社会学を求めて』ミネルヴァ書房.）
飯島伸子 1968-9「地域社会と公害――住民の反応を中心にして」『技術史研究』41, 97-128；42, 71-114；43, 62-105；44, 80-107.
飯島伸子［1968］2002「（会員通信）無題」（『技術史研究』41）『飯島伸子研究教育資料集』323-325.
飯島伸子 1993『改訂版　環境問題と被害者運動』学文社.
飯島伸子［2001］2002「環境社会学研究と自分史」東京都立大学退官記念講演（最終講義）『飯島伸子研究教育資料集』293-318.
飯島伸子編 1993『環境社会学』有斐閣.
飯島伸子編 2001『講座 環境社会学　第5巻　アジアと世界――地域社会からの視点』有斐閣.
飯島伸子・鳥越皓之・長谷川公一・舩橋晴俊編『講座 環境社会学　第1巻　環境社会学の視点』有斐閣.
池田寛二 2001「地球温暖化防止政策と環境社会学の課題――ポリティックスからガバナンスへ」『環境社会学研究』7, 5-23.
池田寛二 2019「サステイナビリティ概念を問い直す――人新世という時代認識の中で」『サステイナビリティ研究』9: 7-27.
井上真編 2008『コモンズ論の挑戦――新たな資源管理を求めて』新曜社.
井上俊 1996「物語としての人生」井上俊ほか編『岩波講座 現代社会学 9

増補版』新曜社.
長谷川公一 2001「環境運動と環境政策」長谷川公一編 2001『講座 環境社会学　第4巻　環境運動と政策のダイナミズム』有斐閣，1-34.
長谷川公一 2002「『環境社会学研究』創刊決定前夜の激論など――飯島先生の思い出」飯島伸子先生記念刊行委員会編『環境問題とともに――飯島伸子先生追悼文集』，125-128.
長谷川公一 2003a『環境運動と新しい公共圏――環境社会学のパースペクティブ』有斐閣.
長谷川公一 2003b「環境問題の社会学――〈ダウンストリーム〉へのまなざし」『環境運動と新しい公共圏――環境社会学のパースペクティブ』有斐閣，21-32.
長谷川公一 2003c「グリーン電力をめぐる運動と政策の力学」『環境運動と新しい公共圏――環境社会学のパースペクティブ』有斐閣，165-190.
長谷川公一 2007a「社会学批判者としての宇井純――社会学的公害研究の原点」『環境社会学研究』13, 214-223.
長谷川公一 2007b「社会秩序と権力」長谷川公一・浜日出夫・藤村正之・町村敬志『社会学』有斐閣，75-102.
長谷川公一 2007c「社会運動と社会構想」長谷川公一・浜日出夫・藤村正之・町村敬志『社会学』有斐閣，511-542.
長谷川公一 2008「社会変動研究の理論的課題」金子勇・長谷川公一編『講座・社会変動1　社会変動と社会学』ミネルヴァ書房，23-49.
長谷川公一 2011『脱原子力社会へ――電力をグリーン化する』岩波書店（新書）.
長谷川公一 2012「日本の原子力政策と核燃料サイクル施設」舩橋晴俊・長谷川公一・飯島伸子『核燃料サイクル施設の社会学――青森県六ヶ所村』有斐閣，317-349.
長谷川公一 2018「被災地仙台港の石炭火力を差し止める」『環境と公害』47-4, 44-47.
長谷川公一 2020a「一九六八年と二〇一八年の間」『社会学研究』104, 9-36.
長谷川公一 2020b「気候危機と日本社会の消極性――構造的諸要因を探る」『環境社会学研究』26, 80-94.
Hasegawa Koichi 2004 *Constructing Civil Society in Japan: Voices of Environmental Movements,* Melbourne: Trans Pacific Press.
Hasegawa Koichi 2014 “The Fukushima Nuclear Accident and Japan's Civil Society: Context, Reactions and Policy Impacts,” *International Sociology,* 29-4, 283-301.
Hasegawa Koichi 2015 *Beyond Fukushima: Toward a Post-Nuclear Society,* Melbourne: Trans Pacific Press.
長谷川公一編 2001『講座 環境社会学　第4巻　環境運動と政策のダイナミズム』有斐閣.

なみ『公害・環境問題の放置構造と解決過程』東信堂，271-304.
深田久弥 1964『日本百名山』新潮社.
福武直 1966「公害と地域社会」大河内一男著者代表『東京大学公開講座7 公害』東京大学出版会，195-221.
舩橋晴俊 1985a「社会問題としての新幹線公害」舩橋晴俊・長谷川公一・畠中宗一・勝田晴美『新幹線公害――高速文明の社会問題』有斐閣，61-94.
舩橋晴俊 1985b「「公共性」と被害救済との対立をどう解決するか」舩橋晴俊・長谷川公一・畠中宗一・勝田晴美『新幹線公害――高速文明の社会問題』有斐閣，237-272.
舩橋晴俊 1988a「建設計画の決定・実施過程と住民運動」舩橋晴俊・長谷川公一・畠中宗一・梶田孝道『高速文明の地域問題――東北新幹線の建設・紛争と社会的影響』有斐閣，111-154.
舩橋晴俊 1988b「構造的緊張の連鎖的転移」舩橋晴俊・長谷川公一・畠中宗一・梶田孝道『高速文明の地域問題――東北新幹線の建設・紛争と社会的影響』有斐閣，155-187.
舩橋晴俊 2010「「理論形成はいかにして可能か」を問う諸視点」『組織の存立構造論と両義性論――社会学理論の重層的探究』東信堂，192-223.
舩橋晴俊 2014「飯島伸子　環境社会学のパイオニア」宮本憲一・淡路剛久編『公害・環境研究のパイオニアたち――公害研究委員会の五〇年』岩波書店，183-200.
舩橋晴俊編 2001『講座 環境社会学　第2巻　加害・被害と解決過程』有斐閣.
舩橋晴俊・長谷川公一・畠中宗一・梶田孝道 1988『高速文明の地域問題――東北新幹線の建設・紛争と社会的影響』有斐閣.
舩橋晴俊・長谷川公一・畠中宗一・勝田晴美 1985『新幹線公害――高速文明の社会問題』有斐閣.
舩橋晴俊・長谷川公一・飯島伸子 2012『核燃料サイクル施設の社会学――青森県六ヶ所村』有斐閣.
舩橋晴俊・金山行孝・茅野恒秀編 2013『「むつ小川原開発・核燃料サイクル施設問題」研究資料集』東信堂.
舩橋恵子編 2015『舩橋晴俊――研究・教育・社会変革に懸けた一筋の道』一般社団法人比較社会構想研究所.
『判例時報　臨時増刊』976号 1980『特集 東海道新幹線騒音・振動公害訴訟第一審判決』.
原田峻 2020『ロビイングの政治社会学――NPO法制定・改正をめぐる政策過程と社会運動』有斐閣.
長谷川公一 1985「社会運動の政治社会学――資源動員論の意義と課題」『思想』737（特集・新しい社会運動），126-157.
長谷川公一 1996「NPO――脱原子力政策のパートナー」『世界』623，244-254.
長谷川公一［1996］2011『脱原子力社会の選択――新エネルギー革命の時代

参考文献

Aldrich, Daniel P. 2012 *Building Resilience: Social Capital in Post-Disaster Recovery*. Chicago: University of Chicago Press.（=2015 石田祐・藤澤由和訳『災害復興におけるソーシャル・キャピタルの役割とは何か――地域再建とレジリエンスの構築』ミネルヴァ書房.）

Aldrich, Daniel P. 2019 *Black Wave: How Networks and Governance Shaped Japan's 3/11 Disasters*. Chicago: University of Chicago Press.（=2021 飯塚明子・石田祐訳『東日本大震災の教訓――復興におけるネットワークとガバナンスの意義』ミネルヴァ書房.）

青井和夫・松原治郎・副田義也編 1971『生活構造の理論』有斐閣.

青木聡子 2020「公害反対運動の現在――名古屋新幹線公害問題を事例に」『社会学研究』104, 63-89.

淡路剛久・川本隆史・植田和弘・長谷川公一編 2006『リーディングス環境 第5巻 持続可能な発展』有斐閣.

伴英幸 2006『原子力政策大綱批判――策定会議の現場から』七つ森書館.

Bonneuil, Christophe and Jean-Baptiste Fressoz 2016 *L'événement Anthropocène: La Terre, l'histoire et nous*, Paris: Seuil.（=2018 野坂しおり訳『人新世とは何か――〈地球と人類の時代〉の思想史』青土社.）

Bullard, Robert D. 1994 *Dumping in Dixie: Race, Class, and Environmental Quality*, 2nd ed., Boulder: Westview Press.

Burawoy, Michael 2005 "For Public Sociology," *American Sociological Review*, 70: 4-28.

Buttel, Frederic H. 1987 "New Directions in Environmental Sociology," *Annual Review of Sociology*, 13: 465-88.

Catton, William R., Jr. and Riley E. Dunlap 1978 "Environmental Sociology: A New Paradigm," *The American Sociologist*, 13: 41-9.（=2005 長谷川公一訳「環境社会学――新しいパラダイム」（抄訳）淡路剛久ほか編『リーディングス環境 第1巻 自然と人間』有斐閣, 339-346.）

遠藤哲也 2010『日米原子力協定（1988年）の成立経緯と今後の問題点』（http://www2.jiia.or.jp/pdf/resarch/h22_Nuclear1988/2_Nuclear1988.pdf 2021年4月22日閲覧）

Ernman, Malena et al. 2018 *Scener ur Hjärtat*, Bokförlaget Polaris.（=2019 羽根由・寺尾まち子訳『グレタ たったひとりのストライキ』海と月社.）

藤川賢 2017「福島原発事故における避難指示解除と地域再建への課題――解決過程の被害拡大と環境正義に関連して」藤川賢・渡辺伸一・堀畑ま

ヤ　行

ラ　行

ワ　行

欧字ほか

ハ　行

マ　行

タ　行

ナ　行

サ　行

索　引

ちくま新書
1588

環境社会学入門《かんきょうしゃかいがくにゅうもん》
――持続《じぞく》可能《かのう》な未来《みらい》をつくる

二〇二一年七月一〇日　第一刷発行

著　者　長谷川公一（はせがわ・こういち）

発 行 者　喜入冬子

発 行 所　株式会社 筑摩書房
東京都台東区蔵前二―五―三　郵便番号一一一―八七五五
電話番号〇三―五六八七―二六〇一（代表）

装 幀 者　間村俊一

印刷・製本　三松堂印刷 株式会社

ISBN978-4-480-07411-9 C0236

1530
メディア論の名著30
佐藤卓己

広く知られる古典から「読まれざる名著」まで、メディア研究の第一人者ならではの視点で解説。ウェブ時代にあってメディア論を深く知りたい人にとり最適の書！

1535
ヴェーバー入門
――理解社会学の射程
中野敏男

他者の行為の動機を理解し、そこから人間や社会を考える。これがヴェーバー思想の核心だ。主要著作を丹念に読み解き、一貫した論理を導き出す画期的入門書。

923
原発と権力
――戦後から辿る支配者の系譜
山岡淳一郎

戦後日本の権力者を語る際、欠かすことができない原子力。なぜ、彼らはそれに夢を託し、推進していったのか。忘れ去られていた歴史の暗部を解き明かす一冊。

971
夢の原子力
――Atoms for Dream
吉見俊哉

戦後日本は、どのように原子力を受け入れたのか。核戦争の「恐怖」から成長の「希望」へと転換する軌跡を、緻密な歴史分析から、ダイナミックに抉り出す。

974
原発危機　官邸からの証言
福山哲郎

本当に官邸の原発事故対応は失敗だったのか？　当時の官房副長官が、自ら残したノートをもとに緊急事態への取組を徹底検証。知られざる危機の真相を明らかにする。

1554
原発事故　自治体からの証言
今井照編
自治総研編

福島第一原発事故発生、避難、そして復興――原発災害の過酷な状況下の自治体の対応を、当時の大熊町と浪江町の副町長の証言により再現する貴重なドキュメント。

1086
汚染水との闘い
――福島第一原発・危機の深層
空本誠喜

抜本的対策が先送りされ、深刻化してしまった福島第一原発の汚染水問題。事故当初からの経緯と対応策・進捗状況について整理し、今後の課題に向けて提言する。

ちくま新書

1540 飯舘村からの挑戦 ――自然との共生をめざして　田尾陽一
コロナ禍の今こそ、自然と共生する暮らしが必要だ。福島県飯舘村の農民と協働し、ボランティアと研究者を結集してふくしま再生の活動をしてきた著者の活動記録。

1210 日本震災史 ――復旧から復興への歩み　北原糸子
度重なる震災は日本社会をいかに作り替えてきたのか。有史以来、明治までの震災の復旧・復興の事例に焦点を当て、史料からこの国の災害対策の歩みを明らかにする。

1237 天災と日本人 ――地震・洪水・噴火の民俗学　畑中章宏
地震、津波、洪水、噴火……日本人は、天災を生き抜く知恵を、風習や伝承、記念碑等で受け継いできた。各地の災害の記憶をたずね、日本人と天災の関係を探る。

934 エネルギー進化論 ――「第４の革命」が日本を変える　飯田哲也
いま変わらなければ、いつ変わるのか？　自然エネルギーは実用可能であり、もはや原発に頼る必要はない。持続可能なエネルギー政策を考え、日本の針路を描く。

847 成熟日本への進路 ――「成長論」から「分配論」へ　波頭亮
日本は成長期を終え成熟フェーズに入った。旧来の成長モデルの政策も制度ももはや無効であり改革は急務である。国民が真に幸せだと思える国家ビジョンを緊急提言。

625 自治体をどう変えるか　佐々木信夫
行政活動の三分の二以上を担う地方を変えることは、この国のかたちを変えることにほかならない。「官」と「民」の関係を問い直し、新たな〈公〉のビジョンを描く。

1575 コロナ対策禍の国と自治体 ――災害行政の迷走と閉塞　金井利之
なぜコロナウイルス対策で、国対自治体の構図に象徴される非難応酬が起きるのか。民衆にとって行政のコロナ対策自体が災禍となっている苛政の現状を分析する。

ちくま新書

960
暴走する地方自治
田村秀
行革を旗印に怪気炎を上げる市長や知事、地域政党。だが自称改革派は矛盾だらけだ。幻想を振りまき混乱に拍車をかける彼らの政策を分析、地方自治を問いなおす！

1059
自治体再建
——原発避難と「移動する村」
今井照
帰還も移住もできない原発避難民を救うには、江戸時代の「移動する村」の知恵を活かすしかない。バーチャルな自治体の制度化を提唱する、新時代の地方自治再生論。

1150
地方創生の正体
——なぜ地域政策は失敗するのか
山下祐介
金井利之
「地方創生」で国はいったい何をたくらみ、地方をどう支配しようとしているのか。気鋭の社会学者と行政学者が国策の罠を暴き出し、統治構造の病巣にメスを入れる。

1238
地方自治講義
今井照
地方自治の原理と歴史から、人口減少やコミュニティ、憲法問題など現在の課題までをわかりやすく解説。市民が自治体を使いこなすための、従来にない地方自治入門。

1367
地方都市の持続可能性
——「東京ひとり勝ち」を超えて
田村秀
煮え切らない国の方針に翻弄されてきた全国の自治体。厳しい状況下で地域を盛り上げ、どうブランド力を高めるか。都市の盛衰や従来の議論を踏まえた生き残り策。

853
地域再生の罠
——なぜ市民と地方は豊かになれないのか？
久繁哲之介
活性化は間違いだらけだ！　多くは専門家らが独善的に行う施策にすぎず、そのために衰退は深まっている。このカラクリを暴き、市民のための地域再生を示す。

1100
地方消滅の罠
——「増田レポート」と人口減少社会の正体
山下祐介
「半数の市町村が消滅する」は嘘だ。「選択と集中」などという論理を振りかざし、地方を消滅させようとしているのは誰なのか。いま話題の増田レポートの虚妄を暴く。

ちくま新書

941
限界集落の真実
――過疎の村は消えるか？
山下祐介
「限界集落はどこも消滅寸前」は嘘である。危機を煽り立てるだけの報道や、カネによる解決に終始する政府の過疎対策の誤りを正し、真の地域再生とは何かを考える。

992
「豊かな地域」はどこがちがうのか
――地域間競争の時代
根本祐二
低成長・人口減少の続く今、地域間の「パイの奪いあい」が激化している。成長している地域は何がちがうのか？北海道から沖縄まで、11の成功地域の秘訣を解く。

1129
地域再生の戦略
――「交通まちづくり」というアプローチ
宇都宮浄人
地方の衰退に伴い、鉄道やバスも消滅の危機にある。再生するためには「まち」と「公共交通」を一緒に変えるしかない。日本の最新事例をもとにその可能性を探る。

1151
地域再生入門
――寄りあいワークショップの力
山浦晴男
全国どこでも実施できる地域再生の切り札「寄りあいワークショップ」。住民全員が連帯感をもってアイデアを出しあい、地域を動かす方法と成功の秘訣を伝授する。

1213
農本主義のすすめ
宇根豊
農は資本主義とは相いれない。社会が行き詰まり、自然が壊れかかっているいま、あらためて農の価値を見つめ直す必要がある。戦前に唱えられた思想を再考する。

1529
村の日本近代史
荒木田岳
日本の村の近代化の起源は、秀吉による村の再編にあった。戦国末期から、江戸時代、明治時代までの村の近代化の過程を、従来の歴史学とは全く異なる視点で描く。

995
東北発の震災論
――周辺から広域システムを考える
山下祐介
中心のために周辺がリスクを負う「広域システム」。その巨大で複雑な機構が原発問題や震災復興を困難に追い込んでいる現状を、気鋭の社会学者が現地から報告する。